华章IT

U0179091

Distribution Protocol and Algorithm Practice

分布式协议与算法实战

攻克分布式系统设计的关键难题

韩健◎著

机械工业出版社
China Machine Press

图书在版编目（CIP）数据

分布式协议与算法实战：攻克分布式系统设计的关键难题 / 韩健著 . -- 北京：机械工业出版社，2022.7
ISBN 978-7-111-71022-6

I. ①分… II. ①韩… III. ①分布式操作系统－系统设计 IV. ① TP316.4

中国版本图书馆 CIP 数据核字（2022）第 102578 号

分布式协议与算法实战
攻克分布式系统设计的关键难题

出版发行：机械工业出版社（北京市西城区百万庄大街 22 号　邮政编码：100037）

责任编辑：董惠芝　李　艺　　　　　　　　　　责任校对：殷　虹

印　　刷：河北宝昌佳彩印刷有限公司　　　　　版　　次：2022 年 8 月第 1 版第 1 次印刷

开　　本：186mm×240mm　1/16　　　　　　　印　　张：15.5

书　　号：ISBN 978-7-111-71022-6　　　　　　定　　价：99.00 元

客服电话：（010）88361066　88379833　68326294　　　投稿热线：（010）88379604
华章网站：www.hzbook.com　　　　　　　　　　　读者信箱：hzjsj@hzbook.com

随着互联网和信息产业在中国的蓬勃发展，越来越多在中国本土成长起来的工程师开始接触到计算机科学技术领域中的顶尖理论和技术，并积攒了大量的实战经验，本书作者韩健便是其中值得骄傲的代表之一。曾几何时，中国的工程师要想获得有关计算机科学和技术的一手资料，就不得不阅读引进版图书。现在，这样的情况正在改变——中国工程师开始用中文撰写与计算机相关的技术著作。这本书总结了作者十多年的分布式系统开发和运维经验，并融入了自己的思考，通过理论联系实践，系统地展现了分布式系统设计中的关键要素。本书行文流畅，用词幽默，术语准确，符合中国工程师的阅读习惯。相信本书的内容对所有致力于构造复杂、高效的分布式软件系统的工程师都会非常有帮助！

——魏永明　飞漫软件创始人，MiniGUI 及 HVML 开发者

经过多年技术发展，基础设施支撑大规模服务已不是难题，而以云计算为代表的基础设施革命，对技术有了更高的诉求：弹性伸缩、知识驱动、成本优势等。要满足这些诉求，我们需要掌握核心技术，而分布式技术就是核心技术之一。希望精心写就的这本书能给读者带来更多启发，帮助更多的读者掌握并持续精进硬核的分布式技术。

——汪乾荣　深圳微播创始人兼 CTO

大多数分布式经典图书都是在介绍基本概念、原理等，即使看完了这些书，对一些概念的理解依然不到位，到了真正实操时还是无从下手。本书作者韩健从分布式协议与算法这一独特角度开始，对常用的协议与算法进行了细致的分析与讲解，并结合工程实践引领读者将学到的分布式算法落地。纸上谈来终觉浅，绝知此事要躬行。从理论到工程实践，相信读者包括我自己对分布式系统都会有更深入的认识。最后感谢韩健分享自己的知识和经验。

——高峰　华为技术专家、《Linux 环境编程：从应用到内核》作者

分布式协议与算法是分布式系统中非常关键的部分。本书由浅入深，通过形象的案例深度剖析了 Raft、Paxos、Gossip 等协议的精髓，并配合具体系统里的实现进行讲解，干货满满，是了解分布式系统关键技术不可多得的好书。

——张友东　阿里云数据库专家

这本书深入浅出地讲述了分布式系统的设计理念以及核心算法，可以帮助读者了解并掌握这些理论知识并付诸实现。我曾与作者在同一个团队工作过，他不仅技术功底深厚、拥有丰富的分布式系统开发经验，而且对待未知事物总是充满着好奇心。相信在阅读本书时读者可以深刻地体会到他的技术修养和功力。

——陈良　奇点安全实验室主任

拜读完这本书，第一印象是非常实用。分布式系统中的一个核心问题就是数据一致性问题。作者通过深入浅出的案例解析，系统且完整地介绍了与分布式一致性相关的协议与算法知识。对于希望学习或者参与分布式系统开发、维护的读者来说本书具有很大的实战参考价值。

——李震东　华为 SRE 技术专家

做互联网系统最难的就是如何支撑海量请求，而支撑海量请求的关键在于分布

式系统，如果我们想深刻理解或者开发实现分布式系统，协议与算法是必须掌握的。本书以实战为中心，语言生动、图文结合，是深刻理解分布式协议与算法、掌握分布式系统开发能力的绝佳资料。

——唐聪 腾讯资深工程师 / 极客时间 "etcd 实战课" 讲师

随着新基建（云、5G、AI、IoT、区块链等）的快速落地，传统中心化架构向着去中心化发展已经成为竞争力构筑的关键，甚至是唯一方向。我们作为个体身处其中，需要感知到这些大势的变化。而这些变化中最核心的点就是分布式能力的建设，重中之重是分布式协议与算法在工程化角度的研究和落地。这本书不仅有理论、有算法，更可贵的是结合工程落地，以演绎故事的方式系统介绍了与分布式相关的技术知识，值得认真一读。

——杨晓峰 云计算技术专家

序 *Foreword*

一晃两年多过去了，之前写稿的点点滴滴犹在昨天，忙碌、充实、快乐。比如，为了交付更高质量的技术内容，我总是会有很多想法，偶尔会周末通宵写稿，核对每句话、每个细节。

借着新书出版的这个机会，和大家聊聊我最近忙的一些事情和思考。

因为一直从事互联网后台、云计算的相关工作，我一直在关注着基础技术的演进和发展，尤其是与分布式、微服务、大数据相关的技术的发展，在我看来，我们现在正处于基础技术突破性发展的浪潮中。

首先，Serverless 时代已来，相当一部分业务系统已经基于 Serverless 实现，这不仅降低了对项目人员的专业能力的要求，而且提高了整体的研发效能。如果大家还在犹豫 Serverless（或 FaaS）能否支撑起大系统，那么我这里简单举个具体案例证明。我之前负责的 QQ 后台的微服务能力就是由一个框架和几个 API 实现的，通过这几个 API 就支撑起 QQ 后台海量、复杂的系统，所以 Serverless 支撑大系统是没问题的。

其次，我觉得承载实时大数据中台基石能力的时序数据库只是一个过渡形态的产品。为什么这么说？与元数据不同，时序数据最大的需求不是存储，而是分析和洞察，但我们在实现分析和洞察时，对系统的查询性能要求极高。也就是说，大家常说的"时序数据的特点是多写少读、成本敏感"其实是不成立的，因"读"根本就不少，那么，以这个特点为目标来设计的系统也是满足不了实际场景的需求的。另外，站在分析和洞察的角度，底层应该是一个 Serverless 的技术底座，支持 Metric（指标）、Log（日志）、Trace（追踪）、Meta data（元数据）等，而不是一个仅仅支持指标的时序数据库。也就是说，仅仅支持指标的时序数据库是无法有效支撑分析和洞察的。

然后，云计算的兴起令基础技术发生了很大的变化，而这些变化中最突出的就是"技术要具有成本优势"。

基于开源软件，我们很容易"堆砌"一套业务需要的功能。另外，基于大型互联网后台（比如 QQ）的架构理念，我们也能支撑海量的服务和流量。也就是说，实现功能或支撑海量服务相关的软件和理念都已经很成熟，但功能背后的成本问题突出。

而成本就是钱，功能背后的成本问题是需要重视和解决的，比如，腾讯自研的 KV 存储相比 Redis 降低了数量级倍数的成本。另外，分布式技术本身就是适用于规模业务的，而且随着业务规模的增加，成本的痛点会更加突出。所以，我们在设计系统架构时，需要将成本作为一个权衡点考虑进去。

最后，临渊羡鱼，不如退而编码，让我们保持好奇心和创新精神，与时间做朋友，学习、成长，脚踏实地地实现自己的技术理想！

想成为分布式高手？那就先把协议和算法烂熟于心吧

你好，我是韩健，你叫我"老韩"就可以了。

在正式介绍本书内容之前，我想先和你聊聊我自己的经历，以加深你对我的了解。从重庆大学的软件工程专业毕业之后，我就开始和分布式系统打交道，至今有十多年了。早期，我使用的是电信级分布式系统，比如内核态 HA Cluster，现在使用的是互联网分布式系统，比如名字服务、NoSQL 存储、监控大数据平台。

我曾经做过创业公司的 CTO，加入腾讯之后，负责过 QQ 后台海量服务分布式中间件以及时序数据库 InfluxDB 自研集群系统的架构设计和研发工作。

你可能会问我，为什么要单独讲分布式协议和算法呢？为简洁起见，我们下面都将其简称为分布式算法。在我看来，分布式算法其实就是决定分布式系统如何运行的核心规则和关键步骤，**所以，如果一个人想真正搞懂分布式技术，开发出一个分布式系统，最先需要掌握的就是这部分知识。**

举个例子，学数学的时候，我们总是会学到很多公式或者定理，开始时也会觉得这些定理枯燥至极。但渐渐地，我开始明白这些定理和公式是前人花了很长时间思考、验证、总结出来的规律，能够帮助我们更快速地找到正确答案。同样，你学习这本书也是这个道理。

分布式算法是分布式技术的核心

可能有些读者会说："老韩，你别忽悠我，我可是系统看过分布式领域的经典书的，比如《分布式系统：概念与设计》《分布式系统原理与范型》，这些书里介绍分布式算法的篇幅可不多啊！"

是的，这也是我觉得奇怪的地方。不过，你可以看看网上关于分布式的提问，其中点击量大的问题肯定是与分布式算法相关的问题，这是不是从侧面说明了它的重要性呢？

结合我多年的经验来看，很多读者读了那几本厚重的经典书之后，在实际工作中还是会不知所措。我想，如果他们来问我，我会建议他们先把各种分布式算法搞清楚。**因为学习分布式系统时最最重要的事情，就是选择或设计合适的算法，解决一致性和可用性相关的问题。**

尽管它是分布式技术的核心与关键，但实际掌握它的人或者公司却很少。下面我来说个真实的事儿。

我刚刚提到的 InfluxDB 其实是一个开源的时序数据库系统，当然，开源的只是单机版本，如果你要使用集群功能，要么基于开源版本自研，要么购买别人开发的企业版本。

而这里面，企业版本一个节点一年 License 授权费就是 1.5 万美元，是不是很贵？那贵在哪里呢？相比单机版本，企业版本的技术壁垒又是什么？

结合我的亲身经验来看，企业版本的护城河就是**以分布式算法为核心的分布式集群能力**。

我知道有很多技术团队曾经试图自己实现 InfluxDB 企业版本的功能，但最后还是放弃了，因为这里面问题太多了。比如，在实现集群能力的时候，我们应该怎样支持基于时序进行分片？怎样支持水平扩展？再比如，有些人在接入性能敏感、应该使用反熵（Anti-Entropy）算法的场景中使用了 Raft 算法，使得集群性能约等于单机性能。

可以看到，分布式系统的价值和意义的确很大，如果不能准确理解分布式算法，我们不仅无法保障开发实现的分布式系统的稳定运行，**还会因为种种现网故障，逐渐影响到职业发展，丧失职场竞争力。**

再说点儿更实际的，**现阶段，掌握分布式算法也是你在面试架构师、技术专家等高端岗位时的敲门砖。**你可以搜索看看，那些知名公司在招聘架构师或者高级工程师时，是不是在岗位要求中写着熟悉分布式算法相关理论等内容？不过从我作为面试官的经验来看，懂这部分的候选人实在是少之又少。

说了这么多，我只是想强调，不管你是基于技术追求的考虑，还是基于长期职业发展和提升职场竞争力的考量，分布式算法都是你在这个时代应该掌握的基本功。

当然，我也知道分布式算法确实比较难学，主要原因有以下几点。

- 除了算法本身比较抽象、不容易理解之外，即使是非常经典的论文也存在一些关键细节没有讲清楚的情况。以你比较熟悉的拜占庭将军问题为例，在阅读口信消息型拜占庭问题之解时，你是不是感到很吃力呢？关于这部分内容，论文并没有讲清楚，不过我会在本书的第 1 章带你了解这些内容。

- 信息时代资料丰富，但质量参差不齐，甚至有错误。网上信息大多是"复制粘贴"的结果，而且因为分布式领域的论文多以英文论文的形式出现，论文的中文翻译版本难免有错误或者与原文有出入的地方，这也给自主学习带来很多不必要的障碍和误导。如果你没有足够的好奇心和探究精神，很难完全吃透关键细节。

- 很多资料是为了讲解理论而讲解理论，无法站在"用"的角度，将理论和实战结合。最终，你只能在"嘴"上理解，而无法动手。

方法得当，知识并不难学

在我看来，要想掌握这部分内容，我们不仅要能理解常用算法的原理、特点和局限，还要能根据场景特点选择合适的分布式算法。

所以，为了更好地帮助你轻松、透彻地搞懂分布式技术，理解其中最核心、最精妙的内容，我会在本书中将自己支撑海量互联网服务中的分布式算法的实战心得分享给你。

全书一共 15 章，结合内容可划分为理论篇、协议与算法篇以及实战篇。

理论篇（第 1、2 章），会带你了解分布式架构设计核心且具有实践指导性的基础理论，这里面会涉及典型的分布式问题，以及如何认识分布式系统中相互矛盾的特性，**帮助你在实战中根据场景特点选择合适的分布式算法。**

协议与算法篇（第 3 ～ 12 章），**会带你了解并掌握常用协议与算法的原理、特点、适用场景和常见误区等。**比如，你以为开发分布式系统使用 Raft 算法就可以了，但是其实它比较适合性能要求不高的强一致性场景；又比如在面试时，如果被问到 Paxos 算法和 Raft 算法的区别，你可以结合这篇内容给出答案。

实战篇（第 13 ～ 15 章），**会带你掌握分布式基础理论和分布式算法在工程实践中的应用，教你将所学知识真正落地。**比如，剖析 InfluxDB 企业版的 CP 架构和 AP 架构的设计与背后的思考，以及 Raft、Quorum NWR、Anti-Entropy 等分布式算法的具体实现。

从实战篇中，你可以掌握如何根据场景特点选择适合的分布式算法，以及使用和实现分布式算法的实战技巧。这样，当需要根据场景特点选择合适的分布式算法时，你就能举一反三、独立思考了。

除此之外，我还会带你剖析 Hashicorp Raft 的实现，并以一个分布式 KV 系统的开发实战为例，来聊聊如何使用 Raft 算法实际开发一个分布式系统，**以此让你全面拥有分布式算法的实战能力。**

总体来说，读完本书，你会有以下几点收获：

❑ 可落地的 4 个分布式基础理论；

❑ 10 个最常用的分布式协议和算法；

❑ 3 个实战案例手把手教学；

❑ 以实战为中心的分布式内容体系；

❑ 破除你对分布式协议和算法的困惑，帮助你建立信心。

写在最后

希望大家都能在学完本书之后，顺利攻下分布式系统设计这一关。具体来说，希望大家能够在工作中根据场景特点，灵活地设计架构和使用分布式算法，开发出适合该场景的分布式系统，同时更深入地理解架构设计。姑且把这段话当作我们的学习目标吧！期待与你在这本书中碰撞出更多的思维火花，做时间的朋友，携手同行，共同进步！

Contents 目　录

协议与算法篇

实战篇

理论篇

解决问题的前提是正确认识问题，而正确认识问题，需要合适的理论工具。拜占庭将军问题和CAP理论，属于分布式架构设计核心且具有实践指导性的基础理论，具体涉及典型的分布式问题，以及如何认识分布式系统中相互矛盾的特性，帮助你在实战中根据场景特点选择合适的分布式算法。

Chapter 1 第 1 章

拜占庭将军问题

在日常工作中，我经常听到有人吐槽"没看懂拜占庭将军问题""中文的文章看不懂，英文论文更看不下去"。也许你也跟他们一样，有类似的感受。

在我看来，拜占庭将军问题（The Byzantine General Problem）其实是借拜占庭将军的故事展现了分布式共识问题，探讨和论证了解决的办法。大多数人觉得它难以理解，除了因为分布式共识问题比较复杂之外，还与莱斯利·兰伯特（Leslie Lamport）的讲述方式有关，他在一些细节上没有说清楚，比如，口信消息型拜占庭问题之解的算法过程。

实际上，拜占庭将军问题是分布式领域最复杂的一个容错模型，一旦搞懂了它，我们就能掌握分布式共识问题的解决思路，还能更深刻地理解常用的共识算法，这样在设计分布式系统的时候，我们就能根据场景特点，更好地选择或者设计合适的算法。我这里把拜占庭将军问题放到第 1 章，主要是因为它很好地抽象了分布式系统面临的共识问题，理解了这个问题，会为接下来的学习打下坚实的基础。

1.1 什么是拜占庭将军问题

什么是拜占庭将军问题？该问题主要涉及哪些方面？下面我将以战国时期六国抗秦的故事为主线串联起本章内容，让你读懂、学透。

1.1.1　苏秦的困境

战国时期，齐、楚、燕、韩、赵、魏、秦七雄并立，后来秦国的势力不断强大，成为东方六国的共同威胁。于是，这六个国家决定联合起来，全力抗秦，以免被秦国各个击破。一天，苏秦作为合纵长，挂六国相印，带着六国的军队叩关函谷，驻军在秦国边境，为围攻秦国做准备。但是，因为各国军队分别驻扎在秦国边境的不同地方，所以军队之间只能通过信使互相联系，这时，苏秦面临一个很严峻的问题：如何统一大家的作战计划？

万一一些诸侯国暗通秦国，发送误导性的作战信息，怎么办？如果信使被敌人截杀，甚至被间谍替换了，又该怎么办？这些都会导致自己的作战计划被扰乱，出现有的诸侯国在进攻，有的诸侯国在撤退的情况，这时，秦国一定会趁机出兵，把他们逐一击破。

所以，如何达成共识，制订统一的作战计划呢？苏秦很愁。

这个问题其实是拜占庭将军问题的一个简化表述，也即一个典型的共识难题：如何在可能有误导信息的情况下，采用合适的通信机制，让多个将军达成共识，制订一致的作战计划？

我们可以先停下来想想，这个问题难在哪儿？我们是否有办法帮助诸侯国达成共识？

1.1.2　二忠一叛难题

为了便于理解和层层深入，我先假设只有 3 个国家要攻打秦国，这 3 个国家的 3 位将军，咱们简单点儿，分别叫齐、楚、燕。同时，因为秦国很强大，所以只有这 3 个国家半数以上的将军都参与进攻，才能击败敌人（注意，这里是假设），且在这个期间，将军们彼此之间需要通过信使传递消息，待协商一致之后，才能在同一时间点发动进攻。

举个例子，有一天，这 3 位将军各自一脸严肃地决定明天是进攻还是撤退，并让信使传递信息，按照"少数服从多数"的原则投票表决，两个人意见一致就可以了，比如：

❑ 齐根据侦查情况决定撤退。

❑ 楚和燕根据侦查信息，决定进攻。

如图 1-1 所示，按照少数服从多数的原则，齐也会进攻。最终，3 位将军同时进攻，大败秦军。

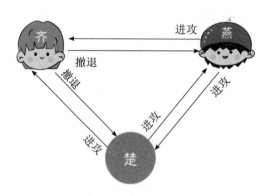

图 1-1 齐决定撤退，楚和燕决定进攻

可是，问题来了：一旦有人暗通秦国，就会出现作战计划不一致的情况。比如齐向楚、燕分别发送"撤退"的消息，燕向齐和楚发送"进攻"的消息。**撤退：进攻 =1：1，无论楚投进攻还是撤退，都会成为 2：1，这时候还是会形成一个一致的作战方案。**

但是，楚这个叛将在暗中配合秦国，让信使向齐发送了"撤退"，向燕发送了"进攻"，那么：

❑ 燕看到的是，撤退：进攻 =1：2。

❑ 齐看到的是，撤退：进攻 =2：1。

如图 1-2 所示，按照少数服从多数的原则，燕单独进攻秦军，最后的结果当然是燕寡不敌众，被秦军打败了。

在这里我们可以看到，叛将楚通过发送误导信息，非常轻松地干扰了齐和燕的作战计划，导致两位忠诚将军被秦军逐一击败。**这也是我们常说的二忠一叛难题。**那么苏秦应该如何解决这个问题呢？我们来帮他出出主意。

如果你觉得上面的逻辑有点绕的话，可以找张白纸，自己比画比画。

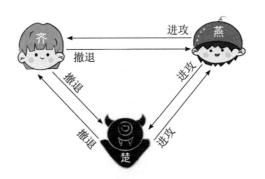

图 1-2　叛将楚向齐和燕发送不同的作战指令

1.2　口信消息，我们该如何处理呢

先来说第一个解决办法。首先，3 位将军都分拨一部分军队，由苏秦率领，苏秦参与作战计划讨论并执行作战指令。这样，3 位将军的作战讨论就变为了 4 位将军的作战讨论，这能够增加讨论中忠诚将军的数量。

然后，4 位将军约定了，如果没有收到命令，就执行预设的命令，比如"撤退"。除此之外，他们还约定一些流程来发送作战信息、执行作战指令，比如，进行两轮作战信息协商。为什么要进行两轮协商呢？先卖个关子，一会儿你就知道了。

第一轮：

- ❑ 先发送作战信息的将军作为指挥官，其他将军作为副官；
- ❑ 指挥官将他的作战信息发送给每位副官；
- ❑ 每位副官将从指挥官处收到的作战信息作为他的作战指令；如果没有收到作战信息，则把默认的"撤退"作为作战指令。

第二轮：

- ❑ 除了第一轮的指挥官外，剩余的 3 位将军将分别作为指挥官，向另外两位将军发送作战信息；
- ❑ 然后，这 3 位将军按照少数服从多数的原则，执行收到的作战指令。

为了更直观地理解苏秦的整个解决方案，我来演示一下作战信息的协商过程。**我会分别以忠将和叛将先发送作战信息为例来完整地演示叛将对作战计划干扰破坏**

的可能性。

首先是 3 位忠将先发送作战信息的情况。

为了演示方便，假设苏秦先发起作战信息，作战指令是"进攻"。那么在第一轮作战信息协商中，苏秦向齐、楚、燕发送作战指令"进攻"，如图 1-3 所示。

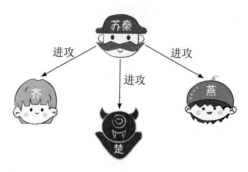

图 1-3　苏秦向齐、楚、燕发送作战指令"进攻"

在第二轮作战信息协商中，齐、楚、燕分别作为指挥官，向另外两位将军发送作战信息"进攻"，因为楚已经叛变了，所以，为了干扰作战计划，他会发送"撤退"作战指令，如图 1-4 所示。

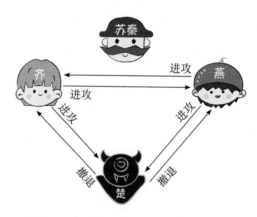

图 1-4　叛将楚发送"撤退"作战指令

最终，齐和燕收到的作战信息都是"进攻、进攻、撤退"，按照少数服从多数的原则，齐、燕与苏秦一起执行作战指令"进攻"，实现了作战计划的一致性，保证了作战的胜利。

那么，如果是叛将楚先发送作战信息，干扰作战计划，结果会有所不同吗？我们来具体看一看。在第一轮作战信息协商中，楚向苏秦发送作战指令"进攻"，向齐、燕发送作战指令"撤退"，如图 1-5 所示。

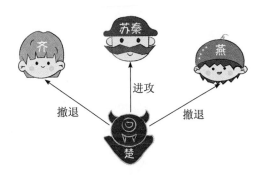

图 1-5　叛将楚向苏秦发送作战指令"进攻"，向齐、燕发送作战指令"撤退"

然后，在第二轮作战信息协商中，苏秦、齐、燕分别作为指挥官，向另外两位将军发送作战信息，如图 1-6 所示。

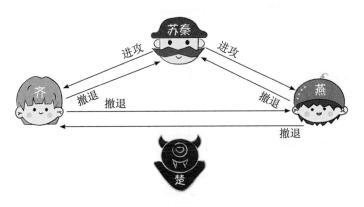

图 1-6　苏秦、齐、燕分别作为指挥官发送作战信息

最终，苏秦、齐和燕收到的作战信息都是"撤退、撤退、进攻"，按照少数服从多数的原则，苏秦、齐和燕一起执行作战指令"撤退"，实现了作战计划的一致性。也就是说，无论叛将楚如何捣乱，苏秦、齐和燕都会执行一致的作战计划，从而保

证作战的胜利。

这个解决办法其实是兰伯特在论文 "*The Byzantine Generals Problem*"⊖中提到的口信消息型拜占庭问题之解（A Solution with Oral Message）：**如果叛将人数为 m，将军人数不能少于 $3m+1$，那么拜占庭将军问题就能解决了。**不过，作者在论文中没有讲清楚一些细节，为了帮助大家理解该论文，在这里我补充一点。

这个算法有个前提，也就是叛将人数 m，或者说能容忍的叛将数 m 是已知的。在这个算法中，叛将数 m 决定了递归循环的次数（也就是说，叛将数 m 决定了将军们要进行多少轮作战信息协商），即 $m+1$ 轮（例如这里只有楚是叛将，所以进行了两轮）。我们也可以从另外一个角度理解：n 位将军，最多能容忍 $(n{-}1)/3$ 位叛将。**关于这个公式，我们只需要记住就好了，**具体的推导过程可以参考相关论文。

该算法虽然能解决拜占庭将军问题，但它有一个限制：如果叛将人数为 m，那么将军总人数必须不小于 $3m+1$。

在二忠一叛的问题中，在存在 1 位叛将的情况下，必须增加 1 位将军，将 3 位将军的协商共识转换为 4 位将军的协商共识，这样才能实现忠诚将军的一致性作战计划。那么，有没有什么办法可以在不增加将军人数的情况下直接解决二忠一叛的难题呢？

1.3 如何解决 $n{>}(3f{+}1)$ 的限制

其实，苏秦还可以通过签名的方式在不增加将军人数的情况下解决二忠一叛的难题。这个办法的关键在于通过消息签名约束叛将的作恶行为，也就是说，任何篡改和伪造忠将消息的行为都会被发现。

既然签名消息这么重要，那么，什么是签名消息呢？

1.3.1 什么是签名消息

签名消息是指带有数字签名的消息。数字签名与在纸质合同上进行签名来确认

⊖ https://www.microsoft.com/en-us/research/publication/byzantine-generals-problem/。

合同内容和证明身份类似。它既可以证实内容的完整性，又可以确认内容的来源，实现不可抵赖性（Non-Repudiation）。既然数字签名的优点那么多，**那么如何实现签名消息呢？**

你应该还记得密码学的学术 CP（Bob 和 Alice）吧？不记得也没关系，把他们当作两个人就可以了，今天 Bob 要给 Alice 发送一条消息，告诉她，"我已经到北京了。"但是 Bob 希望这个消息能被 Alice 完整地接收到，即内容不能被篡改或者伪造。下面我们一起来帮 Bob 和 Alice 想想办法，看看如何发送这条消息。

首先，为了避免密钥泄露，我们推荐 Bob 和 Alice 使用非对称加密算法（比如 RSA）。也就是说，加密和解密使用不同的密钥，在这里，Bob 持有需要安全保管的私钥，Alice 持有公开的公钥。

然后，Bob 用哈希算法（比如 MD5）对消息进行摘要（Digest），然后用私钥对摘要进行加密，生成数字签名（Signature），如图 1-7 所示。

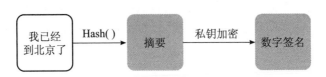

图 1-7　生成数字签名

接着，Bob 将加密摘要和消息一起发送给 Alice，如图 1-8 所示。

图 1-8　Bob 发送加密摘要和消息

接下来，当 Alice 接收到消息和加密摘要后，她会用自己的公钥对加密摘要进行解密，并对消息内容进行摘要（Degist-2），然后将新获取的摘要（Degist-2）和解密后的摘要（Degist-1）进行对比，如果两个摘要（Digest-1 和 Digest-2）一致，就说明消息是来自 Bob，并且是完整的，如图 1-9 所示。

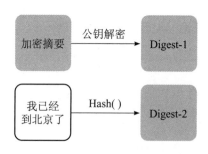

图 1-9　Alice 接收并核验消息

可以看到，通过这种方法，Bob 的消息就能被 Alice 完整接收到了，任何篡改和伪造 Bob 消息的行为都会因为摘要不一致而被发现。**而这条消息就是签名消息。**

现在，你应该理解什么是签名消息了吧？另外，关于为什么签名消息能约束叛将的作恶行为，我在这里再补充下。通过上面的 Bob 和 Alice 的故事，我们可以看到，在数字签名的约束下，叛将是无法篡改和伪造忠将的消息的，因为任何篡改和伪造消息的行为都会被发现，即作恶的行为被约束了。**也就是说，叛将虽然能做"小"恶（比如，不响应消息或者叛将们相互串通发送指定的消息），但他们无法篡改或伪造忠将的消息。**

既然数字签名约束了叛将们的作恶行为，那么苏秦怎样才能实现作战的一致性呢？换句话说，苏秦怎样才能让忠将们执行一致的作战计划呢？

1.3.2　签名消息型拜占庭问题之解

之前我已经提到了，苏秦通过签名消息的方式，不仅能在不增加将军人数的情况下解决二忠一叛的难题，还能实现无论叛将数多少，都能保证忠诚的将军们始终达成一致的作战计划。

为了便于理解，我以二忠二叛（更复杂的叛将作恶模型，因为叛将们可以相互勾结、串通）为例来具体演示一下苏秦是怎样实现作战计划的一致性的，如图 1-10 所示。

首先，苏秦要通过印章、虎符等信物，实现这样几个特性。

❑ 忠将的签名无法伪造，而且对他签名消息的内容进行任何更改都会被发现。

❑ 任何人都能验证将军签名的真伪。

图 1-10　二忠二叛

其次，4 位将军约定了一些流程来发送作战信息、执行作战指令。

第一轮：

❑ 先发送作战指令的将军作为指挥官，其他将军作为副官。

❑ 指挥官将他签名的作战指令发送给每位副官。

❑ 每位副官将从指挥官处收到的新的作战指令（也就是与之前收到的作战指令
不同），按照顺序（比如按照首字母字典排序）放到一个盒子里。

第二轮：

❑ 除了第一轮的指挥官外，剩余的 3 位将军将分别作为指挥官，在上一轮收到
的作战指令上加上自己的签名，并转发给其他将军。

第三轮：

❑ 除了第一、二轮的指挥官外，剩余的两位将军将分别作为指挥官，在上一轮
收到的作战指令上，加上自己的签名，并转发给其他将军。

最后，各位将军按照约定，比如使用盒子里最中间的那个指令来执行作战指令。
假设盒子中的指令为 A、B、C，那中间的指令就是第 $n/2$ 个命令。其中，n 为盒子里
的指令数，指令从 0 开始编号，也就是 B。

为了更直观地理解如何基于签名消息实现忠将们的作战计划的一致性，下面来
演示一下作战信息协商过程。我仍会分别**以忠将和叛将先发送作战信息为例**来完整
地演示叛将对作战计划干扰破坏的可能性。

忠将先发送作战信息的情况是什么样的呢？

　　为了演示方便，假设苏秦先发起带有签名的作战信息，作战指令是"进攻"。那么在第一轮作战信息协商中，苏秦向齐、楚、燕发送作战指令"进攻"，如图 1-11 所示。

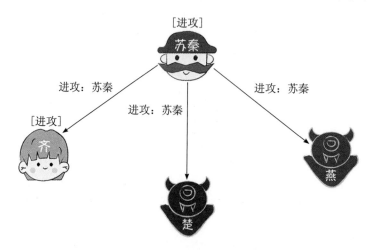

图 1-11　苏秦向齐、楚、燕发送作战指令"进攻"

　　在第二轮作战信息协商中，齐、楚、燕分别作为指挥官，向另外两位发送作战信息"进攻"。虽然楚、燕已经叛变了，**但是在签名的约束下，他们无法篡改和伪造忠将的消息**。为了达到干扰作战计划的目的，他们一个选择发送消息，一个选择默不作声，不配合，如图 1-12 所示。

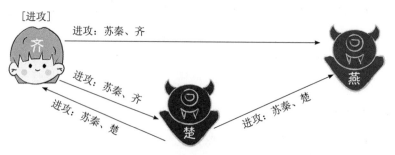

图 1-12　叛将楚、燕一个选择发送消息，一个选择默不作声

　　在第三轮作战信息协商中，齐、楚分别作为指挥官，将接收到的作战信息附加上自己的签名，并转发给另外一位，如图 1-13 所示。（这时的叛将燕还是默不作声，不配合。）

图 1-13　齐、楚转发消息

　　最终，齐收到的作战信息都是"进攻"（它收到了苏秦和楚的作战信息），按照"执行盒子最中间的指令"的约定，齐会和苏秦一起执行作战指令"进攻"，实现忠将们的作战计划的一致性。

　　那么，如果是叛将楚先发送作战信息，干扰作战计划，结果会有所不同吗？我们来具体看一看。在第一轮作战信息协商中，楚向苏秦发送作战指令"进攻"，向齐、燕发送作战指令"撤退"，如图 1-14 所示。（当然还有其他的情况，这里只是选择了其中一种，大家也可以尝试推导其他的情况，看看结果是不是一样。）

　　然后，在第二轮作战信息协商中，苏秦、齐、燕分别作为指挥官，将接收到的作战信息附加上自己的签名，并转发给另外两位，如图 1-15 所示。

　　为了达到干扰作战计划的目的，叛将楚和燕相互勾结了。比如，燕拿到了楚的私钥，也就是燕可以伪造楚的签名，此时，燕为了干扰作战计划，给苏秦发送作战指令"进攻"，给齐发送作战指令"撤退"。

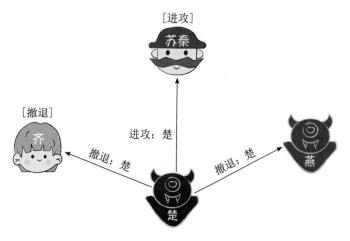

图 1-14　楚向苏秦发送作战指令"进攻",向齐、燕发送作战指令"撤退"

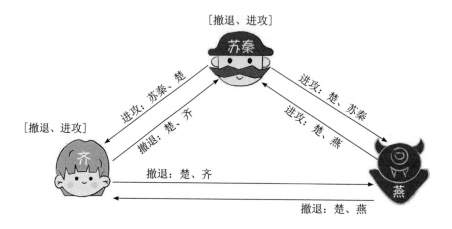

图 1-15　苏秦、齐、燕分别作为指挥官转发接收到的作战信息

接着,在第三轮作战信息协商中,苏秦、齐、燕分别作为指挥官,将接收到的作战信息附加上自己的签名,并转发给另外一位,如图 1-16 所示。

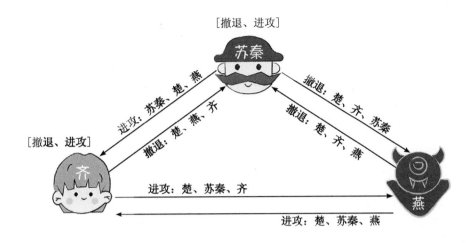

图 1-16　苏秦、齐、燕分别作为指挥官转发接收到的作战信息

　　最终，苏秦和齐收到的作战信息都是"撤退、进攻"，按照"执行盒子最中间的指令"的约定，苏秦、齐和燕一起执行作战指令"撤退"，实现了作战计划的一致性。也就是说，无论叛将楚和燕如何捣乱，苏秦和齐都能执行一致的作战计划，保证作战的胜利。

　　需要注意的是，签名消息的拜占庭问题之解，也是需要进行 $m+1$ 轮（其中 m 为叛将数，即如果只有楚、燕是叛变的，那么就进行 3 轮）协商。我们也可以从另外一个角度理解：n 位将军，能容忍（$n-2$）位叛将（只有一位忠将没有意义，因为此时不需要达成共识）。**关于这个公式，大家只需要记住就好，详细推导过程可以参考相关论文。**

　　另外，签名消息型拜占庭问题之解，解决的是忠将们如何就作战计划达成共识的问题，也即只要忠将们执行了一致的作战计划就可以了。它不关心这个共识是什么，比如，在适合进攻的时候，忠将们可能执行的作战计划是撤退。也就是说，这个算法比较理论化。

关于这一点，有的读者可能会想知道如何利用好这一特点，在我看来，这个算法解决的是共识问题，没有与实际场景结合，是很难在实际场景中落地的。在实际场景中，我们可以考虑改进后的拜占庭容错算法，比如 PBFT 算法。

1.4　拜占庭容错算法和非拜占庭容错算法，该如何选择呢

为了帮助大家理解拜占庭将军问题，我讲了苏秦协商作战的故事，现在让我们跳回现实世界，回到计算机世界的分布式场景中：

- ❑ 故事里的各位将军可以理解为计算机节点；
- ❑ 忠诚的将军可以理解为正常运行的计算机节点；
- ❑ 叛变的将军可以理解为出现故障并会发送误导信息的计算机节点；
- ❑ 信使被杀可以理解为通信故障、信息丢失；
- ❑ 信使被间谍替换可以理解为通信被中间人攻击，攻击者在恶意伪造信息和劫持通信。

这样一来，你是不是就理解了计算机分布式场景中面临的问题，并且知道了解决的办法呢？

需要注意的是，拜占庭将军问题描述的是最困难，也是最复杂的一种分布式故障场景，该场景除了存在故障行为，还存在恶意行为。在存在恶意行为的场景中（比如在数字货币的区块链技术中），我们必须使用拜占庭容错（Byzantine Fault Tolerance，BFT）算法。除了故事中提到的两种算法之外，常用的拜占庭容错算法还有 PBFT 算法、PoW 算法（为了重点突出，这些内容我会在后面讲解）。

在计算机分布式系统中，最常用的是非拜占庭容错算法，即故障容错（Crash Fault Tolerance，CFT）算法。**CFT 算法解决的是分布式系统中存在故障，但不存在恶意节点的场景下的共识问题。**也就是说，这个场景可能会丢失消息或者有消息重复，但不存在错误消息或者伪造消息的情况。常见的 CFT 算法有 Paxos 算法、Raft 算法、ZAB 协议（这些内容我同样会在后面讲解）。

那么，如何在实际场景中选择合适的算法类型呢？如果能确定该环境中各节点是可信赖的，不存在篡改消息或者伪造消息等恶意行为（例如 DevOps 环境中的分布式路由寻址系统），推荐使用非拜占庭容错算法；反之，推荐使用拜占庭容错算法，例如在区块链中使用 PoW 算法。

思维拓展

文中提到两类容错算法，分别是拜占庭容错算法和非拜占庭容错算法，那么在常见的分布式软件系统中，哪些场景必须使用拜占庭容错算法？哪些场景使用非拜占庭容错算法就可以了呢？

另外，我也演示了如何在"二忠二叛"情况下实现忠将们的作战计划的一致性，那么大家不妨推演下，如何在"二忠一叛"的情况下实现忠将们的作战计划的一致性。

1.5　本章小结

本章主要讲解了什么是拜占庭将军问题、忠将们如何通过口信消息实现作战的一致性，什么是签名消息以及忠将们如何通过签名消息实现作战的一致性。学完本章，希望大家能明确以下几个重点。

1）数字签名是基于非对称加密算法（比如 RSA、DSA、DH）实现的，它能防止消息内容被篡改和被伪造。

2）签名消息约束了叛将的作恶行为，比如，叛将可以不响应，可以相互勾结串通，但无法篡改和伪造忠将的消息。

3）签名消息拜占庭问题之解，虽然实现了忠将们的作战计划的一致性，但它不关心达成共识的结果是什么。

另外，签名消息、拜占庭将军问题的签名消息之解是非常经典的，影响和启发了后来的众多拜占庭容错算法（比如 PBFT 算法），理解了本章的内容后，你能更好地理解其他的拜占庭容错算法，以及它们是如何改进的，为什么要这样改进。比如，**在 PBFT 中，基于性能的考虑**，大部分场景的消息采用消息认证码（MAC），只有在视图变更（View Change）等少数场景中采用了数字签名。

　　学到这里，有读者可能有这样的疑惑："老韩，我现在了解了大家常说的拜占庭将军问题，那么如何理解大家常说的另一个理论，CAP 理论呢？我没感觉到它和我开发分布式系统有啥关系。"别急，CAP 理论是我将在下一章详细介绍的内容。

第 2 章 *Chapter 2*

CAP 理论

很多读者可能都有这样的感觉，每次要开发分布式系统的时候，就会遇到一个非常棘手的问题，那就是如何根据业务特点，为系统设计合适的分区容错一致性模型，以实现集群能力。这个问题棘手在当发生分区错误时，我们应该如何保障系统稳定运行而不影响业务。

这和我之前经历的一件事比较像。当时，我负责自研 InfluxDB 系统的项目，在接手这个项目后，**我遇到的第一个问题就是，如何为单机开源版的 InfluxDB 设计分区容错一致性模型**。因为 InfluxDB 有 META 和 DATA 两个节点，它们的功能和数据特点不同，所以我还需要考虑这两个逻辑单元的特点，然后分别设计分区容错一致性模型。

那个时候，我想到了 CAP 理论，并且在 CAP 理论的帮助下成功地解决了问题。讲到这儿，你可能会问：为什么 CAP 理论可以解决这个问题呢？

因为在我看来，CAP 理论是一个很好的思考框架，它对分布式系统的特性做了高度抽象，比如抽象成一致性、可用性和分区容错性，并对特性间的冲突（也就是 CAP 不可能三角）做了总结。一旦掌握它，你就像拥有了引路人，自然而然就能根据业务场景的特点进行权衡，设计出合适的分区容错一致性模型。

那么问题来了：一致性、可用性和分区容错性是什么呢？它们之间有什么关系？我们又该如何使用 CAP 理论来思考和设计分区容错一致性模型呢？

2.1 CAP 理论：分布式系统的 ph 试纸，用它来测酸碱度

在我看来，CAP 理论像 ph 试纸一样，可以用来度量分布式系统的酸碱值，帮助我们思考如何设计合适的酸碱度，在一致性和可用性之间进行妥协、折中，进而设计出满足场景特点的分布式系统。那么如何理解 CAP 理论呢？首先，我们先来看看 C、A、P 这 3 个指标的含义。

2.1.1 CAP 三指标

CAP 理论对分布式系统的特性做了高度抽象，形成了 3 个指标：

❑ 一致性（Consistency）；

❑ 可用性（Availability）；

❑ 分区容错性（Partition Tolerance）。

一致性是指客户端的每次读操作，不管访问哪个节点，要么读到的是同一份最新写入的数据，要么读取失败。

大家可以把一致性看作分布式系统对访问自己的客户端的一种承诺：不管你访问哪个节点，要么我给你返回的是绝对一致的最新写入的数据，要么你读取失败。**可以看到，一致性强调的是数据正确。**

为了理解一致性这个指标，我用一个例子进行讲解。比如，两个节点的 KV 存储系统，原始的 KV 记录为 "X=1"，如图 2-1 所示。

图 2-1 由两个节点组成的 KV 存储系统

紧接着，客户端向节点 1 发送写请求 "SET X=2"，如图 2-2 所示。

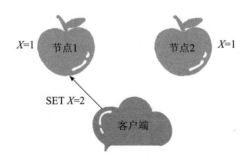

图 2-2　客户端向节点 1 发送写请求

如果节点 1 收到写请求后，只将节点 1 的 X 值更新为 2，然后返回 Success 给客户端，如图 2-3 所示。

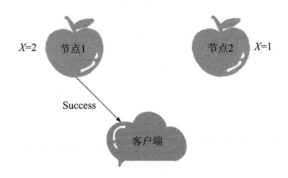

图 2-3　节点 1 执行写操作并只将节点 1 的 X 值更新为 2

此时如果客户端访问节点 2 执行读操作，就无法读到最新写入的 X 值，这就不满足一致性了，如图 2-4 所示。

图 2-4　客户端访问节点 2 执行读操作

如果节点 1 收到写请求后，通过节点间的通信，同时将节点 1 和节点 2 的 X 值都更新为 2，然后返回 Success 给客户端，如图 2-5 所示。

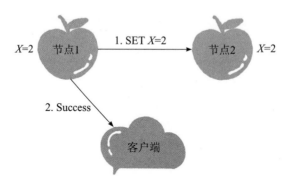

图 2-5 节点 1 执行写操作并同时将节点 1 和节点 2 的 X 值更新为 2

那么在完成写请求后，不管客户端访问哪个节点，读取到的都是同一份最新写入的数据，如图 2-6 所示，这就叫一致性。

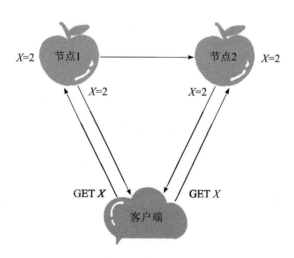

图 2-6 客户端访问任何节点都能读取到最新数据

一致性指标描述的是分布式系统的一个非常重要的特性，强调的是数据正确。也就是说，对客户端而言，它每次都能读取到最新写入的数据。

不过集群毕竟不是单机，当发生分区故障时，不能仅仅因为节点间出现了通信问题，无法响应最新写入的数据，就在客户端查询数据时一直向客户端返回出错信息。这句话怎么理解呢？我来举个例子说明。

业务集群中的一些关键系统，比如名字路由系统（基于Raft算法的强一致性系统），如果仅仅因为发生了分区故障，无法响应最新数据（比如因通信异常，候选人都无法赢得大多数选票，使得集群没有了领导者），为了不破坏一致性，在客户端查询相关路由信息时，系统就一直向客户端返回出错信息，此时相关的业务都将因为获取不到指定路由信息而不可用、瘫痪，出现灾难性的故障。

此时，我们就需要牺牲数据正确的要求，在每个节点使用本地数据来响应客户端请求，以保证服务可用，**这也是我要说的另外一个指标，可用性**。

可用性是指任何来自客户端的请求，不管访问哪个非故障节点，都能得到响应数据，但不保证是同一份最新数据。你也可以把可用性看作分布式系统对访问本系统的客户端的另外一种承诺：我尽力给你返回数据，不会不响应你，但是我不保证每个节点给你的数据都是最新的。**这个指标强调的是服务可用，但不保证数据正确**。

还是用一个例子来简单说明。比如，用户可以选择向节点1或节点2发起读操作，如果不考虑节点间的数据是否一致，只要节点服务器收到请求就立即响应X的值（如图2-7所示），那么两个节点的服务是满足可用性的。

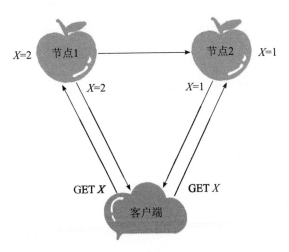

图2-7 节点服务器收到读请求就立即响应X的值

分区容错性是指，当节点间出现任意数量的消息丢失或高延迟的时候，系统仍然可以继续工作。也就是说，分布式系统告诉访问本系统的客户端：不管我的内部出现什么样的数据同步问题，我都会一直运行。**这个指标强调的是集群对分区故障的容错能力。**

如图 2-8 所示，当节点 1 和节点 2 的通信出现问题时，如果系统仍能继续工作，那么两个节点是满足分区容错性的。

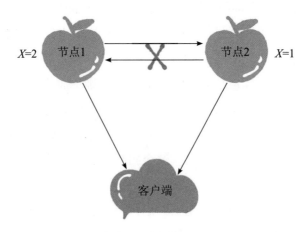

图 2-8   满足分区容错性的两个节点

因为分布式系统与单机系统不同，它涉及多节点间的通信和交互，节点间的分区故障是必然发生的，**所以，在分布式系统中分区容错性是必须要考虑的。**

现在我们了解了一致性、可用性和分区容错性，那么在设计分布式系统时，是从一致性、可用性、分区容错性中选择其一，还是三者都可以选择呢？这 3 个指标之间有什么冲突码？这些问题就与我接下来要讲的"CAP 不可能三角"有关了。

2.1.2   CAP 不可能三角

CAP 不可能三角是指对于一个分布式系统而言，一致性、可用性、分区容错性指标不可兼得，只能从中选择两个，如图 2-9 所示。

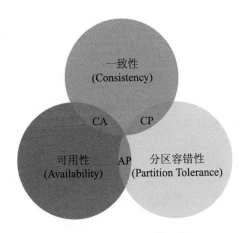

图 2-9　CAP 不可能三角

CAP 不可能三角最初是埃里克·布鲁尔（Eric Brewer）基于自己的工程实践提出的一个猜想，后被赛斯·吉尔伯特（Seth Gilbert）和南希·林奇（Nancy Lynch）证明，证明过程可以参考论文 "*Brewer's Conjecture and the Feasibility of Consistent,Available,Partition-tolerant Web Services*"^[e]。不过，为了帮助大家更好地阅读论文，这里我补充一点：**基于证明的严谨性的考虑，赛斯·吉尔伯特和南希·林奇对指标的含义做了预设和限制，比如，将一致性限制为原子一致性。**

说了这么多，CAP 理论如何解决我在开篇提到的问题呢？或者说，我们要如何使用 CAP 理论来思考和设计分区容错一致性模型呢？下一节会详细介绍。

2.1.3　如何使用 CAP 理论

我们都知道，只要有网络交互就一定会有延迟和数据丢失，这种状况我们必须接受，还必须保证系统不能挂掉。所以就像我上面提到的，节点间的分区故障是必然发生的。也就是说，分区容错性（P）是前提，是必须要保证的。

现在就只剩下一致性（C）和可用性（A）可以选择了：要么选择一致性，保证数据正确；要么选择可用性，保证服务可用。那么 CP 和 AP 的含义是什么呢？

❑ 当选择了一致性（C）的时候，系统一定会读到最新的数据，不会读到旧数

⊖　https://dl.acm.org/citation.cfm?id=564601。

据，但如果因为消息丢失、延迟过高发生了网络分区，那么当集群节点接收到来自客户端的读请求时，为了不破坏一致性，可能会因为无法响应最新数据，而返回出错信息。

❑ 当选择了可用性（A）的时候，系统将始终处理客户端的查询，返回特定信息，如果发生了网络分区，一些节点将无法返回最新的特定信息，而是返回自己当前的相对新的信息。

这里我想强调一点，大部分人对 CAP 理论有一个误解，认为无论在什么情况下，分布式系统都只能在 C 和 A 中选择 1 个。其实，在不存在网络分区的情况下，也就是在分布式系统正常运行时（这也是系统在绝大部分时候所处的状态），即在不需要 P 时，C 和 A 能够同时保证。只有当发生分区故障的时候，即需要 P 时，系统才会在 C 和 A 之间做出选择。而且如果读操作会读到旧数据，影响到了系统运行或业务运行（也就是说会有负面的影响），则推荐选择 C，否则推荐选 A。

🌀 注意

CA 模型，在分布式系统中不存在。因为舍弃 P，意味着舍弃分布式系统，就比如单机版关系型数据库 MySQL，如果 MySQL 要考虑主备或集群部署，它就必须考虑 P。

CP 模型，采用 CP 模型的分布式系统，舍弃了可用性，一定会读到最新数据，不会读到旧数据。一旦因为消息丢失、延迟过高发生了网络分区，就会影响用户的体验和业务的可用性（比如基于 Raft 的强一致性系统，此时可能无法执行读操作和写操作）。典型的应用有 Etcd、Consul 和 Hbase。

AP 模型，采用 AP 模型的分布式系统，舍弃了一致性，实现了服务的高可用。用户访问系统时能得到响应数据，不会出现响应错误，但会读到旧数据。典型应用有 Cassandra 和 DynamoDB。

那么我当时是如何根据场景特点，进行 CAP 权衡，设计合适的分布式系统的呢？为了便于理解，我先来说说背景。

开源版的 InfluxDB 缺乏集群能力和可用性，而且，InfluxDB 是由 META 节点和

DATA 节点两个逻辑单元组成的（如图 2-10 所示），这两个节点的功能和数据特点不同，需要我们分别为它们设计分区容错一致性模型。

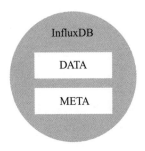

图 2-10　InfluxDB 程序的逻辑架构示意图

具体设计如下。

- **作为分布式系统，分区容错性是必须要实现的**，不能因为节点间出现了分区故障，而出现整个系统不工作的情况。
- 考虑到 META 节点保存的是系统运行的关键元信息，比如数据库名、表名、保留策略信息等，所以必须实现一致性。也就是说，每次读都要能读取到最新数据，这样才能避免因为查询不到指定的元信息，而导致时序数据记录写入失败或者系统没办法正常运行。比如，创建了数据库 telegraf 之后，如果系统不能立刻读取到这条新的元信息，那么相关的时序数据记录就会因为找不到指定数据库信息而写入失败，**所以，我选择 CAP 理论中的 C 和 P，采用 CP 架构**。
- DATA 节点保存的是具体的时序数据记录，比如一条记录 CPU 负载的时序数据 " cpu_usage,host=server01,location=cn-sz user=23.0,system=57.0"。虽然这些数据不是系统运行相关的元信息，但服务会被频繁访问，水平扩展、性能、可用性等是关键，**所以，我选择了 CAP 理论中的 A 和 P，采用 AP 架构**。

综上，我基于 CAP 理论分别设计了 InfluxDB 的 META 节点和 DATA 节点的分区容错一致性模型，大家也可以采用类似的思考方法，设计出符合自己业务场景的分区容错一致性模型。

假设我当时没有受到 CAP 理论的影响，或者对 CAP 理论理解不深入，在设计

DATA 节点的分区容错一致性模型时不采用 AP 架构，而是直接使用现在比较流行的共识算法，比如 Raft 算法，会有什么痛点呢？

❑ 受限于 Raft 的强领导者模型。所有写请求都在领导者节点上处理，整个集群的写性能等于单机性能。这样会造成集群接入性能低下，无法支撑海量或大数据量的时序数据。

❑ 受限于强领导者模型，以及 Raft 的节点和副本一一对应的限制，无法实现水平扩展。分布式集群扩展了读性能，但并没有提升写性能。

关于 Raft 算法的一些细节（比如强领导模型），我会在第 4 章详细介绍。

那么，如果 META 节点采用 AP 架构，会有什么痛点呢？你可以思考一下。

在多年的开发实践中，我一直喜欢埃里克·布鲁尔的猜想，不是因为它是 CAP 理论的本源，意义重大，而是因为它源自高可用、高扩展的大型互联网系统的实践，强调在数据一致性（ACID）和服务可用性（BASE）之间权衡取舍。

🔊 注意

在当前分布式系统开发中，延迟是非常重要的一个指标。比如，在 QQ 后台的名字路由系统中，我们通过延迟评估服务可用性进行负载均衡和容灾；再比如，在 Hashicorp Raft 实现中，我们通过延迟评估领导者节点的服务可用性，以及决定是否发起领导者选举。所以，希望大家在分布式系统的开发中，也能意识到延迟的重要性，能通过延迟来衡量服务的可用性。

2.2 ACID 理论：CAP 的"酸"，追求一致性

提到 ACID，我想大家并不陌生，它很容易理解，在单机上实现也不难，比如可以通过锁、时间序列等机制保障操作的顺序执行，让系统实现 ACID 特性。但是，一说要实现分布式系统的 ACID 特性，很多读者就犯难了。那么问题来了，为什么分布式系统的 ACID 特性比较难实现呢？

在我看来，ACID 理论是对事务特性的抽象和总结，方便我们实现事务。可以这样理解：如果实现了操作的 ACID 特性，那么就实现了事务。而大多数人觉得比较难，是因为分布式系统涉及多个节点间的操作。加锁、时间序列等机制只能保证单

个节点上操作的 ACID 特性，无法保证节点间操作的 ACID 特性。

那么，怎么做才会让实现不那么难呢？答案是通过分布式事务协议实现，比如二阶段提交协议和 TCC（Try-Confirm-Cancel）。这也是我接下来重点分享的内容。

不过在介绍二阶段提交协议和 TCC 之前，咱们先继续看看苏秦的故事，看这回苏秦又遇到了什么事。

最近呢，秦国按捺不住自己躁动的心，开始骚扰魏国边境，魏王头疼，向苏秦求助，苏秦认为"三晋一家亲"，建议魏王联合赵、韩一起对抗秦国。但是这三个国家实力都很弱，需要大家都同意联合，一致行动，如果有任何一方不方便行动，就取消整个计划。

根据侦察情况，明天发动反攻的胜算比较大。所以苏秦想协调赵、魏、韩明天一起行动，如图 2-11 所示。那么对苏秦来说，他面临的问题是，**如何高效协同赵、魏、韩一起行动，并且保证当有一方不方便行动时，取消整个计划**。

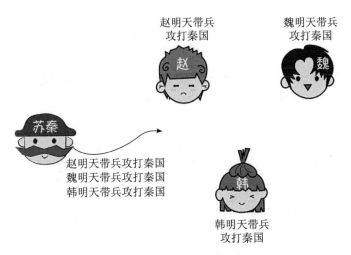

图 2-11　苏秦协调赵、魏、韩明天一起行动

苏秦面对的这个新问题，就是典型的如何实现分布式事务的问题。赵、魏、韩明天攻打秦国，**这三个操作组成一个分布式事务，要么全部执行，要么全部不执行**。

了解了这个问题之后，我们来看看如何通过二阶段提交协议和 TCC 帮助苏秦解决这个难题。

2.2.1 二阶段提交协议

二阶段提交协议，顾名思义，就是通过二阶段的协商来完成一个提交操作，那么具体是怎么操作的呢?

首先，苏秦发消息给赵，赵接收到消息后就扮演协调者（Coordinator）的身份，联系魏和韩发起二阶段提交，如图 2-12 所示。

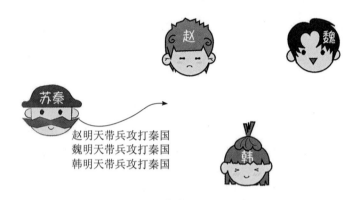

图 2-12　苏秦发消息给赵

赵发起二阶段提交后，先进入**提交请求阶段（又称投票阶段）**。为了方便演示，我们先假设赵、魏、韩明天都能去攻打秦国，大致步骤如图 2-13 所示。

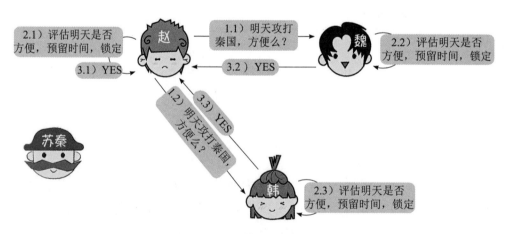

图 2-13　提交请求阶段

也就是说，第一步，赵分别向魏、韩发送消息："明天攻打秦国，方便么?"

第二步，赵、魏、韩分别评估明天能否去攻打秦国，如果能，就预留时间并锁定，不再安排其他军事活动。

第三步，赵得到全部的回复结果（包括他自己的评估结果），都是 YES。

赵收到所有回复后，进入**提交执行阶段（又称完成阶段）**，大致步骤如图 2-14 所示。

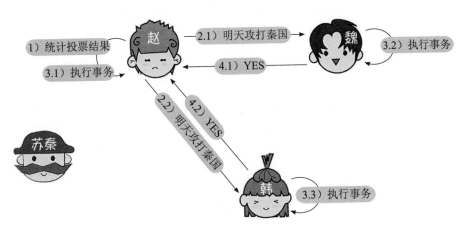

图 2-14　提交执行阶段

首先，赵按照"要么全部执行，要么放弃"的原则，统计投票结果，因为所有的回复结果都是 YES，所以赵决定执行分布式事务：明天攻打秦国。

然后，赵通知魏、韩："明天攻打秦国。"

接到通知之后，魏、韩执行事务，明天攻打秦国。

最后，魏、韩将执行事务的结果返回给赵。

这样一来，赵就将事务执行的结果（也就是赵、魏、韩明天一起攻打秦国）返回给苏秦，那么，这时苏秦就解决了问题，协调好了明天的作战计划。

在这里，赵采用的方法就是**二阶段提交协议**。在这个协议中：

- ❏ 可以将"赵明天带兵攻打秦国、魏明天带兵攻打秦国、韩明天带兵攻打秦国"理解成一个分布式事务操作；
- ❏ 可以将赵、魏、韩理解为分布式系统的 3 个节点，其中，赵是协调者，将苏秦理解为业务，也就是客户端；

❑ 可以将消息理解为网络消息；

❑ 可以将"评估明天是否方便，预留时间"理解为评估事务中需要操作的对象和对象状态，是否准备好，能否提交新操作。

需要注意的是，在第一个阶段，每个参与者投票表决事务是放弃还是提交。一旦参与者投票要求提交事务，那么就不允许放弃事务。也就是说，**在一个参与者投票要求提交事务之前，它必须保证能够执行提交协议中它自己的那一部分，即使参与者出现故障或者中途被替换掉**。这个特性是我们需要在代码实现时保障的。

还需要注意的是，在第二个阶段，事务的每个参与者执行最终统一的决定，提交事务或者放弃事务。这个约定是为了实现 ACID 中的原子性。

二阶段提交协议最早是用来实现数据库的分布式事务的，不过现在最常用的协议是 XA 协议。XA 协议是 X/Open 国际联盟基于二阶段提交协议提出的，也叫作 X/Open DTP（Distributed Transaction Processing）模型，比如 MySQL 就通过 MySQL XA 实现了分布式事务。

但是不管是原始的二阶段提交协议，还是 XA 协议，都存在一些问题：

❑ 在提交请求阶段，需要预留资源，在资源预留期间，其他人不能操作（比如，XA 协议在第一阶段会将相关资源锁定）；

❑ 数据库是独立的系统。

因为上面这两点，我们无法根据业务特点弹性地调整锁的粒度，而这些都会影响数据库的并发性能。那用什么办法可以解决这些问题呢？答案就是 TCC。

2.2.2 TCC

TCC 是 Try（预留）、Confirm（确认）、Cancel（撤销）3 个操作的合称，它包含了预留、确认（或撤销）两个阶段。那么如何使用 TCC 协议解决苏秦面临的问题呢？

首先，我们**进入预留阶段**，大致步骤如图 2-15 所示。

第一步，苏秦分别通知赵、魏、韩预留明天的时间和相关资源。然后苏秦注册现确认操作（明天攻打秦国）和撤销操作（取消明天攻打秦国）。

第二步，苏秦收到赵、魏、韩的预留答复，都是 Success。

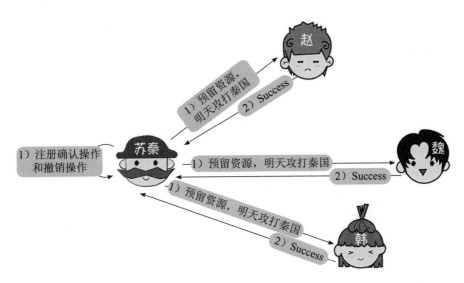

图 2-15　预留阶段

如果预留阶段的执行都没有问题，则进入**确认阶段**，大致步骤如图 2-16 所示。

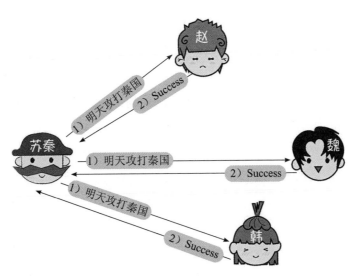

图 2-16　确认阶段

第一步，苏秦执行确认操作，通知赵、魏、韩明天攻打秦国。

第二步，收到确认操作的响应，完成分布式事务。

如果预留阶段执行出错，比如赵的一部分军队还在赶来的路上，无法出兵，那么就进入**撤销阶段**，大致步骤如图 2-17 所示。

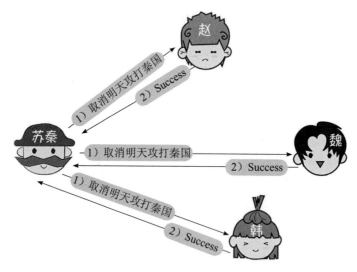

图 2-17 撤销阶段

第一步，苏秦执行撤销操作，通知赵、魏、韩取消明天攻打秦国的计划。

第二步，收到撤销操作的响应。

你看，在经过了预留和确认（或撤销）阶段的协商，苏秦实现这个分布式事务：赵、魏、韩三国，要么明天一起进攻，要么明天都按兵不动。

其实在我看来，TCC 本质上是补偿事务，**它的核心思想是为每个操作都注册一个与其对应的确认操作和补偿操作（也就是撤销操作）**。它是业务层面的协议，你也可以将 TCC 理解为编程模型。TCC 的 3 个操作是需要在业务代码中编码实现的，为了实现一致性，确认操作和补偿操作必须是幂等的，因为这两个操作可能需要失败重试。

另外，TCC 不依赖于数据库的事务，而是在业务中实现了分布式事务，这样能减轻数据库的压力，但对业务代码的入侵性更强，实现的复杂度也更高。所以，我推荐在需要分布式事务能力的时候，优先考虑现成的事务型数据库，比如 MySQL XA，在现有的事务型数据库不能满足业务需求的时候，再考虑基于 TCC 实现分布式事务。

最后我想补充一下，三阶段提交协议虽然针对二阶段提交协议的"协调者故障，参与者长期锁定资源"的痛点引入了询问阶段和超时机制来减少资源被长时间锁定的情况，不过这会导致集群各节点在正常运行的情况下，使用更多的消息进行协商，增加了系统负载和响应延迟。因此，不建议使用三阶段提交协议，你只需要简单了解即可。如果想了解更多关于三阶段提交协议的内容，可以参考伯恩斯坦的 "*Concurrency Control and Recovery in Database Systems*" [○]。

🔊 **注意**

可以将 ACID 特性理解为 CAP 中一致性的边界，最强的一致性，也就是 CAP 的"酸"（Acid）。根据 CAP 理论，如果分布式系统中实现了一致性，那么可用性必然受到影响。比如，如果出现一个节点故障，则整个分布式事务的执行都是失败的。实际上，绝大部分场景对一致性要求没那么高，短暂的不一致是能接受的。另外，基于可用性和并发性能的考虑，**建议你在开发实现分布式系统时，如果不是必须，尽量不要实现 ACID，而是考虑实现最终一致性。**

2.3　BASE 理论：CAP 的"碱"，追求可用性

很多读者可能喜欢使用事务型的分布式系统或者强一致性的分布式系统，因为方便，不需要考虑太多，就像单机系统一样。但是学了 CAP 理论后，你肯定知道在分布式系统中，要实现强一致性，必然会影响可用性。比如，在采用两阶段提交协议的集群系统中，要执行提交操作，需要所有节点确认和投票。

所以，集群的可用性是每个节点可用性的乘积。比如，假设有一个拥有 3 个节点的集群，每个节点的可用性为 99.9%，那么整个集群的可用性为 99.7%，也就是说，每个月约宕机 129.6 分钟（按 30 天/月算），**这是非常严重的问题。**而解决可用性低的关键在于，根据实际场景，尽量采用可用性优先的 AP 模型。

讲到这儿，可能会有一些读者"举手提问"：这也太难了，难道没有现成的库或

○ https://courses.cs.washington.edu/courses/cse551/09au/papers/CSE550BHG-Ch7.pdf。

者方案来实现合适的 AP 模型？是的，的确没有。因为 AP 是一个动态模型，是基于业务场景特点妥协折中后设计实现的。不过，我们可以借助 BASE 理论达成目的。

在我看来，BASE 理论是 CAP 理论中 AP 的延伸，是对互联网大规模分布式系统的实践总结，强调可用性。几乎所有的互联网后台分布式系统都得到了 BASE 的支持，这个理论很重要，地位也很高。一旦掌握它，你就能掌握绝大部分场景的分布式系统的架构技巧，设计出适合业务场景特点的、高可用性的分布式系统。

BASE 的核心就是基本可用（Basically Available）和最终一致性（Eventually Consistent）。也有人会提到软状态（Soft State），在我看来，软状态描述的是在实现服务可用性时，系统数据的一种过渡状态，也就是说不同节点间的数据副本存在短暂的不一致。这里你只需要知道软状态是一种过渡状态就可以了，我们不多说。

那么基本可用以及最终一致性到底是什么呢？我们应该如何在实践中使用 BASE 理论提升系统的可用性呢？

2.3.1　实现基本可用的 4 板斧

在我看来，基本可用是指分布式系统在出现不可预知的故障时，允许损失部分功能的可用性，以保障核心功能的可用性。就像弹簧一样，遇到外界的压迫，它不是折断，而是变形伸缩，不断适应外力，实现基本的可用。

具体来说，你可以把基本可用理解为，当系统节点出现大规模故障的时候，比如专线的光纤被挖断、突发流量导致系统过载（出现了突发事件，服务被大量访问），可以通过服务降级，牺牲部分功能的可用性，以保障系统的核心功能可用。

以 12306 订票系统基本可用的设计为例，该订票系统在春运期间会因为开始售票后先到先得的缘故出现极其海量的请求峰值，如何解决这个问题呢？

我们可以在不同的时间出售不同区域的票，以错开访问请求，削弱请求峰值。比如，在春运期间，深圳出发的火车票在 8 点开售，北京出发的火车票在 9 点开售。**这就是我们常说的流量削峰。**

另外，你可能已经发现了，在春运期间，自己提交的购票请求往往会在队列中等待处理，可能在几分钟或十几分钟后，才能被系统处理，然后响应处理结果。**这就是我们熟悉的延迟响应。**

12306 订票系统在出现超出系统处理能力的突发流量的情况下，会通过牺牲响应时间的可用性来保障核心功能的运行。通过流量削峰和延迟响应，系统是不是就实现了基本的可用呢？现在它不会再像最初的时候那样常常报 404 错误了吧？

再比如，你负责一个互联网系统，此时突然出现了网络热点事件，涌进来好多用户，产生了海量的突发流量，导致系统过载，大量图片因为网络超时无法显示。那么这个时候你可以通过哪些方法保障系统的基本可用呢？

相信你马上就能想到体验降级，比如用小图片来替代原始图片，通过降低图片的清晰度和大小，来提升系统的处理能力。

然后你还能想到过载保护，比如把接收到的请求放在指定的队列中排队处理，如果请求等待时间超时了（假设是 100 ms），则直接拒绝超时请求；如果队列满了，则清除队列中一定数量的排队请求，以保护系统不过载，实现系统的基本可用。

你看，与 12306 的设计类似，只不过你是通过牺牲部分功能的可用性来保障互联网系统的核心功能运行的。

说了这么多，我主要是想强调：基本可用在本质上是一种妥协，即在出现节点故障或系统过载的时候，通过牺牲非核心功能的可用性来保障核心功能的稳定运行。

希望大家在后续的分布式系统的开发中，不仅能掌握**流量削峰、延迟响应、体验降级、过载保护**这 4 板斧，更能理解这 4 板斧背后的妥协折中，从而灵活地处理不可预知的突发问题。

了解了基本可用的相关内容之后，我再来说说 BASE 理论中另一个非常核心的内容：最终一致性。

2.3.2 最终一致性

在我看来，最终一致性是指系统中所有的数据副本在经过一段时间的同步后最终达到一种一致的状态，也就是说，在数据一致性上，系统存在一个短暂的延迟。

几乎所有的互联网系统采用的都是最终一致性，只有在确实无法使用最终一致性时，才使用强一致性或事务。比如，对于决定系统运行的敏感元数据，我们需要考虑采用强一致性；对于与钱有关的支付系统或金融系统的数据，我们需要考虑采用事务。

你可以将强一致性理解为最终一致性的特例，也就是说，你可以把强一致性看作不存在延迟的一致性。**在实践中，你也可以这样思考：**如果业务的某功能无法容忍一致性的延迟（比如分布式锁对应的数据），则可以考虑强一致性；如果业务的某功能能容忍短暂的一致性的延迟（比如 QQ 状态数据），则可以考虑最终一致性。

那么如何实现最终一致性呢？你首先要知道它以什么为准，因为这是实现最终一致性的关键。一般来说，在实际工程实践中有这样两个标准：

❑ **以最新写入的数据为准**，比如，AP 模型的 KV 存储采用的就是这种方式；

❑ **以第一次写入的数据为准**，如果你不希望存储的数据被更改，可以以它为准。

那实现最终一致性的具体方式是什么呢？下面介绍几种常用的方式。

❑ **读时修复**：在读取数据时，检测到数据的不一致并进行修复。比如，Cassandra 的 Read Repair 实现，具体来说，在向 Cassandra 系统查询数据的时候，如果检测到不同节点的副本数据不一致，则系统会自动修复数据。

❑ **写时修复**：在写入数据时，检测到数据的不一致并进行修复。比如，Cassandra 的 Hinted Handoff 实现，具体来说，在向 Cassandra 集群的节点之间远程写数据的时候，如果写失败就将数据缓存下来，然后定时重传，以修复数据的不一致性。

❑ **异步修复**：这是最常用的方式，定时对账检测副本数据的一致性，若检测到不一致则进行修复。（更多信息可参考 7.2 节。）

需要注意的是，因为写时修复不需要做数据一致性对比，性能消耗比较低，对系统运行影响也不大，所以推荐在实现最终一致性时优先选择这种方式。而读时修复和异步修复需要做数据一致性对比，性能消耗比较多，所以在开发实际系统时，建议尽量优化一致性对比的算法，以降低性能消耗，避免对系统运行造成影响。

另外，我还想补充一点，在实现最终一致性的时候，**推荐同时实现自定义写一致性级别（比如 All、Quorum、One、Any，更多信息可参考第 8 章）**，让用户可以自主选择相应的一致性级别，比如可以通过设置一致性级别为 All 来实现强一致性。

现在，想必你已经了解了 BASE 理论的核心内容了吧？不过这只是理论层面上的，那么在实践中，我们该如何使用 BASE 理论呢？

> **注意**
>
> BASE 理论是对 CAP 中一致性和可用性权衡的结果，它来源于对大规模互联
> 网分布式系统实践的总结，是基于 CAP 定理逐步演化而来的。它的核心思想是，
> 如果非必需，不推荐实现事务或强一致性，鼓励优先考虑可用性和性能，根据业
> 务的场景特点来实现非常弹性的基本可用，以及实现数据的最终一致性。

2.3.3　如何使用 BASE 理论

在本节，我会以自研 InfluxDB 系统中 DATA 节点的集群实现为例，详细介绍如
何使用 BASE 理论。咱们先来看看如何保障基本可用。

DATA 节点的核心功能是读和写，所以基本可用是指读和写的基本可用。我们可
以通过分片和多副本实现读和写的基本可用。也就是说，将同一业务的数据先分片，
再以多份副本的形式分布在不同的节点上。如图 2-18 所示，除非这个 3 节点 2 副本
的 DATA 集群有超过一半的节点都发生故障，否则是能保障所有数据的读写的。

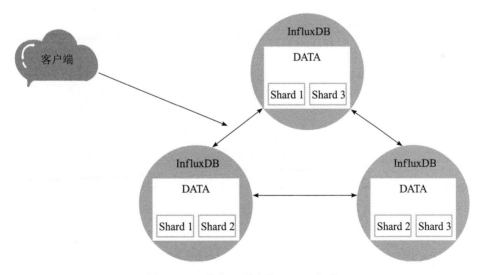

图 2-18　3 节点 2 副本的 DATA 集群

那么，如何实现最终一致性呢？就像上文提到的，我们可以通过写时修复和异
步修复实现最终一致性。另外，可以同时实现自定义写一致性级别，如支持 All、

Quorum、One、Any 4 种写一致性级别。用户在写数据的时候，可以根据业务数据的特点，设置不同的写一致性级别。

注意

对于任何集群而言，不可预知的故障的最终后果都是系统过载，所以，如何设计过载保护，实现系统在过载时的基本可用，是开发和运营互联网后台的分布式系统的重中之重。建议在开发实现分布式系统前就要充分考虑如何实现基本可用。

思维拓展

在本章中我提到了 CAP 理论是一个很好的思考框架，他能帮助我们进行权衡，设计适合业务场景特性的分布式系统。那么，CP 模型的 KV 存储和 AP 模型的 KV 存储分别适合怎样的业务场景呢？

在本章中我也提到了一些实现分布式事务的方法，比如二阶段提交协议、TCC 等，那么事务型分布式系统有哪些优点，又有哪些缺点呢？

在本章中，我还提到了一些实现基本可用的方法，比如流量削峰、延迟响应、体验降级、过载保护等，那么还有哪些方法可以用来实现基本可用呢？

2.4　本章小结

通过本章，我们了解了 CAP 理论和 CAP 理论的应用，实现分布式系统 ACID 特性的方法（二阶段提交协议和 TCC），以及 BASE 理论和 BASE 理论的应用。学完本章，希望大家能明确这样几个重点。

1）CAP 理论源自高可用、高扩展的大型互联网系统的实践，强调在数据一致性（ACID）和服务可用性（BASE）之间权衡妥协。只有当发生分区故障的时候，也就是说需要 P 时，我们才会在 C 和 A 之间做出选择。如果读操作会读到旧数据，并影响到系统运行或业务运行（也就是说会有负面的影响），则推荐选 C，否则选 A。

2）二阶段提交协议，不仅是一种协议，也是一种非常经典的思想。二阶段提交在达成提交操作共识的算法中应用广泛，比如 XA 协议、TCC、Paxos、Raft 等。希望你不仅能理解二阶段提交协议，更能理解协议背后的二阶段提交的思想，当后续需要时，能灵活地根据二阶段提交思想，设计新的事务或一致性协议。

3）ACID 理论是传统数据库常用的设计理念，追求强一致性模型。BASE 理论支持的是大型分布式系统，通过牺牲强一致性来获得高可用性。BASE 理论在很大程度上解决了事务型系统在性能、容错、可用性等方面的痛点。另外，BASE 理论在 NoSQL 中应用广泛，是 NoSQL 系统设计事实上的理论支撑。

学到这里，想必你一定感受到了分布式系统的复杂和魅力，也会对分布式系统常用协议和算法的原理更加好奇，下一章我将带你了解最经典的共识算法：Paxos 算法。

协议与算法篇

开发一个分布式系统，最关键的是选择合适的协议与算法，并正确地使用它们，或者根据实际场景权衡折中、优化它们，这就需要我们掌握它们的原理、特点、适用场景和常见误区等。比如，你以为使用 Raft 算法开发分布式系统就可以了，但其实 Raft 算法更适合性能要求不高的强一致性场景；又比如如何实现水平扩展、提升集群的写性能等。

Paxos 算法

提到分布式算法，就不得不提 Paxos 算法，在过去几十年里，它基本上是分布式共识的代名词，当前最常用的一批共识算法都是基于它改进的，比如，Fast Paxos 算法、Cheap Paxos 算法、Raft 算法等。但是，很多读者都会在准确和系统理解 Paxos 算法上踩坑，比如，只知道它可以用来达成共识，却不知道它是如何达成共识的。

这其实从侧面说明了 Paxos 算法有一定的难度，可分布式算法本身就很复杂，Paxos 算法自然也不会例外。当然，除了这一点，还与 Paxos 算法的提出者莱斯利·兰伯特有关。

兰伯特提出的 Paxos 算法包含两个部分：

❑ 一个是 Basic Paxos 算法，描述的是多节点之间如何就某个值（提案 Value）达成共识；

❑ 另一个是 Multi-Paxos 思想，描述的是执行多个 Basic Paxos 实例，就一系列值达成共识。

但是，因为兰伯特提到的 Multi-Paxos 思想缺少代码实现的必要细节（比如怎么选举领导者），所以我们理解起来比较困难。

为了更好地理解 Paxos 算法，接下来，我会分别以 Basic Paxos 和 Multi-Paxos

为核心,带你了解 Basic Paxos 如何达成共识,以及针对 Basic Paxos 的局限性,Multi-Paxos 又是如何改进的。下面咱们先来聊聊 Basic Paxos。

3.1　Basic Paxos:如何在多个节点间确定某变量的值

在我看来,Basic Paxos 是 Multi-Paxos 思想的核心,说白了,Multi-Paxos 就是多执行几次 Basic Paxos。所以掌握了 Basic Paxos,我们便能更好地理解后面基于 Multi-Paxos 思想的共识算法(比如 Raft 算法),还能掌握分布式共识算法的最核心内容,当现有算法不能满足业务需求时,可以权衡折中,设计自己的算法。

来看一道思考题。

假设我们要实现一个分布式集群,这个集群由节点 A、B、C 组成,提供只读 KV 存储服务。你应该知道,创建只读变量的时候必须要对它进行赋值,而且后续不能对该值进行修改。也就是说,一个节点创建只读变量后,就不能再修改它了,所以,所有节点必须要先对只读变量的值达成共识,然后再由所有节点一起创建这个只读变量。

那么,当有多个客户端(比如客户端 1、2)访问这个系统,试图创建同一个只读变量(比如 X)时,例如客户端 1 试图创建值为 3 的 X,客户端 2 试图创建值为 7 的 X,该如何达成共识,实现各节点上 X 值的一致呢?。如图 3-1 所示。

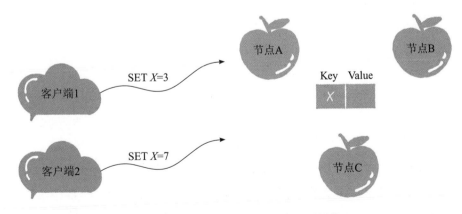

图 3-1　客户端 2 访问 3 节点执行写操作

在一些经典的算法中，你会看到一些既形象又独有的概念（比如二阶段提交协议中的协调者），Basic Paxos 算法也不例外。为了帮助人们更好地理解 Basic Paxos 算法，兰伯特在讲解时也使用了一些独有而且比较重要的概念，如提案（Propose）、准备（Prepare）请求、接受（Accept）请求、角色等，其中最重要的就是"角色"。因为角色是对 Basic Paxos 中最核心的 3 个功能的抽象，比如，由接受者（Acceptor）对提议的值进行投票，并存储接受的值。

3.1.1 你需要了解的 3 种角色

在 Basic Paxos 中，有提议者（Proposer）、接受者（Acceptor）、学习者（Learner）3 种角色，它们之间的关系如图 3-2 所示。

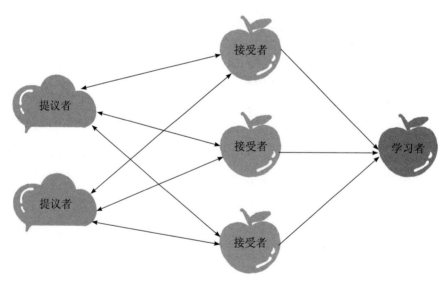

图 3-2　3 种角色

看着是不是有些复杂，其实并不难理解。

- ❑ **提议者**：提议一个值，用于投票表决。为了方便演示，你可以把图 3-1 中的客户端 1 和客户端 2 看作提议者。但在绝大多数场景中，集群中收到客户端请求的节点才是提议者（图 3-1 所示的架构是为了方便演示算法原理）。这样

做的好处是，对业务代码没有入侵性，也就是说，我们不需要在业务代码中
实现算法逻辑，就可以像使用数据库一样访问后端的数据。

❑ **接受者**：对每个提议的值进行投票，并存储接受的值，比如 A、B、C 3 个节
点。一般来说，集群中的所有节点，都在扮演接受者的角色，参与共识协商，
并接受和存储数据。

❑ **学习者**：被告知投票的结果，接受达成共识的值并存储该值，不参与投票
的过程。一般来说，学习者是数据备份节点，比如 Master-Slave 模型中的
Slave，被动地接受数据，容灾备份。

讲到这儿，你可能会疑惑：前面不是说接收客户端请求的节点是提议者吗？这
里怎么又说该节点是接受者呢？这是因为一个节点（或进程）可以身兼多个角色。
想象一下，一个 3 节点的集群，1 个节点收到了请求，那么该节点将作为提议者发起
二阶段提交，然后这个节点还会和另外两个节点一起作为接受者进行共识协商，如
图 3-3 所示。

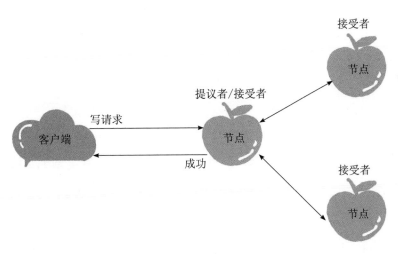

图 3-3　节点可以同时作为提议者和接受者

其实，这 3 种角色在本质上代表的是 3 种功能：

❑ 提议者代表接入和协调功能，收到客户端请求后，发起二阶段提交，进行共
识协商；

❑ 接受者代表投票协商和存储数据功能，对提议的值进行投票，接受达成共识
的值并存储该值；

❑ 学习者代表存储数据功能，不参与共识协商，只接受达成共识的值并存储
该值。

因为一个完整的算法过程是由这 3 种角色对应的功能组成的，所以理解这 3 种
角色是理解 Basic Paxos 如何就提议的值达成共识的基础。接下来，我们看看如何使
用 Basic Paxos 达成共识，解决开篇提到的那道思考题。

3.1.2 如何达成共识

想象这样一个场景，某地出现突发事件，当地村委会、负责人等在积极研究和
搜集解决该事件的解决方案，你也决定参与其中，提交提案，建议一些解决方法。
为了和其他村民的提案做区分，你的提案还得包含一个提案编号，以起到唯一标识
的作用。

与你的做法类似，在 Basic Paxos 中，兰伯特也使用提案代表一个提议。不过，
提案中除了包含提案编号，还包含提议值。为了方便演示，我使用 $[n, v]$ 表示一个提
案，其中 n 为提案编号，v 为提议值。

我想强调一下，整个共识协商是分两个阶段进行的（也就是第 2 章提到的二阶
段提交：准备阶段、接受阶段）。那么具体要如何协商呢？

我们假设客户端 1 的提案编号为 1，客户端 2 的提案编号为 5，并假设节点 A、
B 先收到来自客户端 1 的准备请求，节点 C 先收到来自客户端 2 的准备请求。

1. 准备阶段

先来看第一个阶段，首先，客户端 1、2 作为提议者，分别向所有接受者发送包
含提案编号的准备请求，如图 3-4 所示。

需要注意的是，准备请求中不需要指定提案的值，只需要携带提案编号就可以
了，这是很多读者容易产生误解的地方。

接着，节点 A、B 收到提案编号为 1 的准备请求，节点 C 收到提案编号为 5 的
准备请求后，将进行如图 3-5 所示的处理。

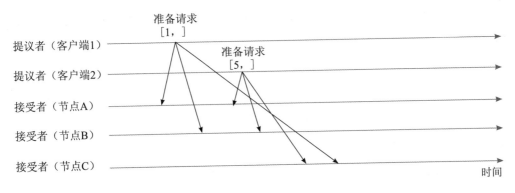

图 3-4　客户端 1、2 发送准备请求

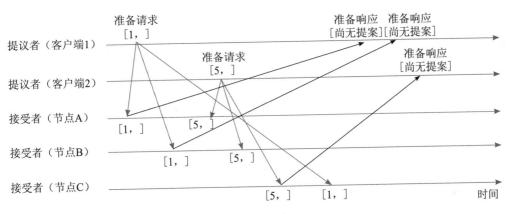

图 3-5　节点 A、B、C 处理接收到的准备请求

　　由于之前没有通过任何提案，所以，节点 A、B 将返回一个"尚无提案"的响应，也就是说，节点 A 和 B 在告诉提议者，我之前没有通过任何提案，并承诺以后不再响应提案编号**小于或等于** 1 的准备请求，也不会通过编号**小于** 1 的提案。

　　节点 C 也是如此，它将返回一个"尚无提案"的响应，并承诺以后不再响应提案编号**小于或等于** 5 的准备请求，也不会通过编号**小于** 5 的提案。

　　另外，节点 A、B 收到提案编号为 5 的准备请求，节点 C 收到提案编号为 1 的准备请求后将进行如图 3-6 所示的处理过程。

　　当节点 A、B 收到提案编号为 5 的准备请求时，因为提案编号 5 大于它们之前响应的准备请求的提案编号 1，而且两个节点都没有通过任何提案，所以，节点 A、B

将返回一个"尚无提案"的响应，并承诺以后不再响应提案编号**小于或等于** 5 的准备请求，也不会通过编号**小于** 5 的提案。

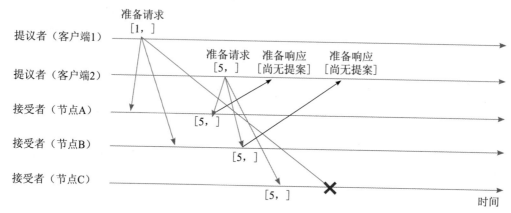

图 3-6 节点 A、B、C 处理再次接收到的准备请求

当节点 C 收到提案编号为 1 的准备请求时，由于提案编号 1 小于它之前响应的准备请求的提案编号 5，所以节点 C 将丢弃该准备请求，不做响应。

> **注意**
>
> 本质上而言，提案编号的大小代表着优先级，你可以这么理解，根据提案编号的大小，接受者保证 3 个承诺，具体来说：如果准备请求的提案编号小于或等于接受者已经响应的准备请求的提案编号，那么接受者将承诺不响应这个准备请求；如果接受请求中的提案编号小于接受者已经响应的准备请求的提案编号，那么接受者将承诺不通过这个提案；如果接受者之前有通过提案，那么接受者将承诺准备请求的响应中会包含已经通过的最大编号的提案信息。

2. 接受阶段

第二个阶段也就是接受阶段，首先，客户端 1、2 在收到大多数节点的准备响应之后，会分别发送接受请求，如图 3-7 所示。

客户端 1 收到大多数的接受者（节点 A、B）的准备响应后，会根据响应中提案编号最大的提案的值设置接受请求中的值。因为该值在来自节点 A、B 的准备响应中都为空（也就是图 3-5 中的"尚无提案"），所以就把自己的提议值 3 作为提案的值，发送接受请求 [1, 3]。

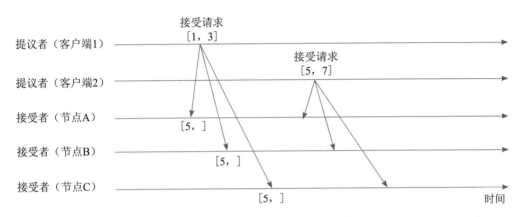

图 3-7　客户端 1、2 发送接受请求

客户端 2 收到大多数的接受者（节点 A、B 和节点 C）的准备响应后，会根据响应中提案编号最大的提案的值设置接受请求中的值，因为该值在来自节点 A、B、C 的准备响应中都为空（也就是图 3-5 和图 3-6 中的"尚无提案"），所以就把自己的提议值 7 作为提案的值，发送接受请求 [5, 7]。

当 3 个节点收到两个客户端的接受请求时，会进行如图 3-8 所示的处理。

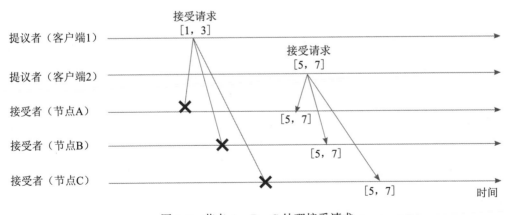

图 3-8　节点 A、B、C 处理接受请求

当节点 A、B、C 收到接受请求 [1, 3] 的时候，由于提案的提案编号 1 小于 3 个

节点承诺能通过的提案的最小提案编号 5，所以，提案 [1, 3] 将被拒绝。

当节点 A、B、C 收到接受请求 [5, 7] 的时候，由于提案的提案编号 5 不小于 3 个节点承诺能通过的提案的最小提案编号 5，所以提案 [5, 7] 通过，也就是接受了提议值 7，3 个节点就 X 值达成共识。

讲到这儿我想补充一下，如果集群中有学习者，接受者通过一个提案后就会通知所有的学习者，当学习者发现大多数的接受者都通过了某个提案，那么它也会通过该提案，并接受该提案的值。

通过上面的演示过程可以看到，最终各节点就 X 的值达成了共识。在这里我还想强调一下，Basic Paxos 的容错能力源自"大多数"的约定，你可以这么理解，当少于一半的节点出现故障时，共识协商仍然可以正常工作。

3.2 Multi-Paxos：Multi-Paxos 不是一个算法，而是统称

经过 3.1 节的学习，你应该知道，Basic Paxos 只能就单个值达成共识，一旦遇到要实现一系列值的共识的情况时，它就不管用了。虽然兰伯特提到可以通过多次执行 Basic Paxos 实例（比如每接收到一个值，就执行一次 Basic Paxos 算法）实现一系列值的共识。但是，很多读者读完论文后，还是两眼摸黑，虽然能读懂每个英文单词，但是不理解兰伯特提到的 Multi-Paxos 到底是什么意思。为什么 Multi-Paxos 这么难理解呢？

在我看来，兰伯特并没有把 Multi-Paxos 讲清楚，只是介绍了大概的思想，缺少算法过程的细节和编程所必需的细节（比如缺少选举领导者的细节），导致每个人实现的 Multi-Paxos 都不一样。不过从本质上看，大家都是在兰伯特提到的 Multi-Paxos 思想上补充细节，设计自己的 Multi-Paxos 算法，然后实现它（比如 Chubby 的 Multi-Paxos 实现、Raft 算法等）。

所以在这里，我补充一下：兰伯特提到的 Multi-Paxos 是一种思想，不是算法。而 Multi-Paxos 算法是一个统称，它是指基于 Multi-Paxos 思想，通过多个 Basic Paxos 实例实现一系列值的共识的算法。这一点尤其需要注意。

为了更好地掌握 Multi-Paxos 思想，我会先带你了解兰伯特是如何思考的，也就

是说，Multi-Paxos 是如何解决 Basic Paxos 的痛点问题的；然后我再以 Chubby 的 Multi-Paxos 实现为例，具体讲解其实现过程。为什么选择 Chubby 的 Multi-Paxos 呢？因为 Chubby 的 Multi-Paxos 实现代表了 Multi-Paxos 思想在生产环境中的真正落地，它将一种思想变成了代码实现。

先来看看对于 Multi-Paxos，兰伯特是如何思考的。

3.2.1　兰伯特关于 Multi-Paxos 的思考

熟悉 Basic Paxos 的读者（可以回顾一下 3.1 节）可能还记得，Basic Paxos 是通过二阶段提交来达成共识的。在第一阶段，也就是准备阶段，只有接收到大多数准备响应的提议者才能发起接受请求进入第二阶段（也就是接受阶段），如图 3-9 所示。

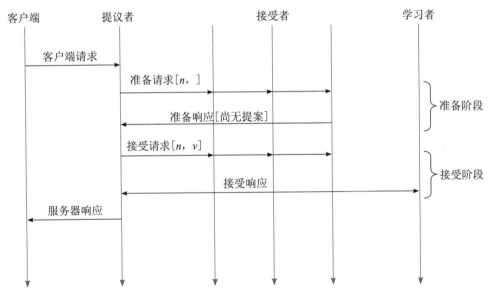

图 3-9　Basic Paxos 通过二阶段提交来达成共识

但是，如果我们直接通过多次执行 Basic Paxos 实例来实现一系列值的共识，就会存在这样几个问题。

❑ 如果多个提议者同时提交提案，可能出现因为提案编号冲突，在准备阶段没有提议者接收到大多数准备响应，导致协商失败，需要重新协商。你想象一下，一个 5 节点的集群，如果其中 3 个节点作为提议者同时提案，就可能发生因为没有提议者接收大多数响应（比如 1 个提议者接收到 1 个准备响应，另外 2 个提议者分别接收到 2 个准备响应）而准备失败，需要重新协商。

☐ **两轮 RPC 通信（准备阶段和接受阶段）往返消息多、耗性能、延迟大。** 你要知道，分布式系统的运行是建立在 RPC 通信的基础之上的，因此，延迟一直是分布式系统的痛点，是需要我们在开发分布式系统时认真考虑和优化的。

那么如何解决上面的两个问题呢？可以通过引入领导者和优化 Basic Paxos 执行过程来解决。我们首先聊一聊领导者。

1. 领导者

我们可以通过引入领导者（Leader）节点来解决第一个问题。也就是说，将领导者节点作为唯一提议者（如图 3-10 所示），这样就不存在多个提议者同时提交提案的情况，也就不存在提案冲突的情况了。

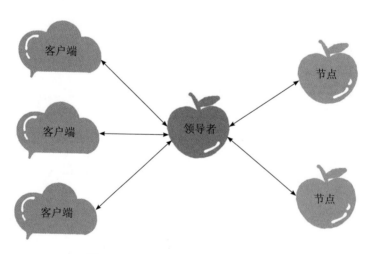

图 3-10 领导者节点作为唯一提议者

这里我补充一点：**在论文中，兰伯特没有说如何选举领导者，需要我们在实现 Multi-Paxos 算法的时候自己实现。**比如 Chubby 中的主节点（也就是领导者节点）是通过执行 Basic Paxos 算法进行投票选举产生的。

那么，如何解决第二个问题，也就是如何优化 Basic Paxos 执行呢？

2. 优化 Basic Paxos 执行过程

我们可以采用"当领导者处于稳定状态时，省掉准备阶段，直接进入接受阶段"这个优化机制，优化 Basic Paxos 执行过程。也就是说，领导者节点上的序列中的命令是最新的，不再需要通过准备请求来发现之前被大多数节点通过的提案，即领导者可以独立指定提案中的值。这时，领导者在提交命令时，可以省掉准备阶段，直接进入接受阶段，如图 3-11 所示。

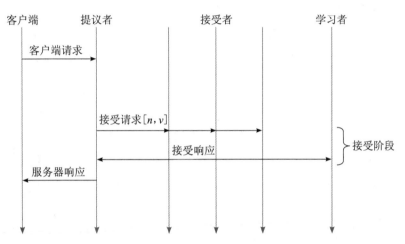

图 3-11　当领导者处于稳定状态时，直接进入接受阶段

你看，与重复执行 Basic Paxos 相比，当 Multi-Paxos 引入领导者节点之后，因为只有领导者节点一个提议者，所以不存在提案冲突。另外，当主节点处于稳定状态时，省掉准备阶段，直接进入接受阶段，会在很大程度上减少了往返的消息数，提升了性能，降低了延迟。

讲到这儿你可能会问：在实际系统中，该如何实现 Multi-Paxos 呢？接下来，我以 Chubby 的 Multi-Paxos 实现为例，具体讲解一下。

3.2.2　Chubby 是如何实现 Multi-Paxos 算法的

既然兰伯特只是大概地介绍了 Multi-Paxos 思想，那么 Chubby 是如何补充细节，实现 Multi-Paxos 算法的呢？

首先，它通过引入主节点，实现了兰伯特提到的领导者节点的特性。也就是说，主节点作为唯一提议者，这样就不存在多个提议者同时提交提案的情况，也就不存在提案冲突的情况。

另外，在 Chubby 中，主节点是通过执行 Basic Paxos 算法进行投票选举产生的，并且在运行过程中，主节点会通过不断续租的方式来延长租期（Lease）。比如在实际场景中，某节点在数天内都是同一个节点作为主节点。如果主节点故障了，那么其他节点会投票选举出新的主节点，也就是说主节点一直存在，而且是唯一的。

其次，Chubby 实现了兰伯特提到的，"当领导者处于稳定状态时，省掉准备阶段，直接进入接受阶段"这个优化机制。

最后，Chubby 实现了成员变更（Group Membership），以此保证在节点变更时集群的平稳运行。

最后，我想补充一点：**在 Chubby 中，为了实现了强一致性，读操作也只能在主节点上执行**。也就是说，只要数据写入成功，之后所有的客户端读到的数据将都是一致的。具体过程分析如下。

所有的读请求和写请求都由主节点来处理。当主节点从客户端接收到写请求后，作为提议者，它将执行 Basic Paxos 实例，将数据发送给所有节点，并在大多数的服务器接收到这个写请求之后，再将响应成功返回给客户端，如图 3-12 所示。

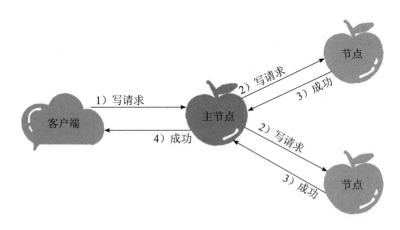

图 3-12　主节点作为提议者接收写请求并执行 Basic Paxos 实例

当主节点接收到读请求后，处理就比较简单了。此时，主节点只需要查询本地数据，然后将数据返回给客户端就可以了，如图 3-13 所示。

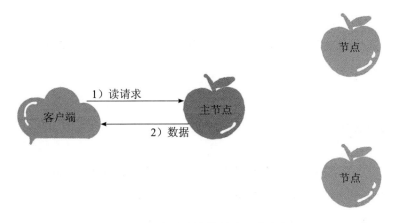

图 3-13　主节点接收并处理读请求

尽管 Chubby 的 Multi-Paxos 实现是一个闭源的实现，但这是 Multi-Paxos 思想在实际场景中的真正落地，Chubby 团队不仅通过编程实现了算法，还探索了如何补充算法论文缺失的必要实现细节。其中的思考和设计非常具有参考价值，不仅能帮助我们理解 Multi-Paxos 思想，还能帮助我们理解其他的 Multi-Paxos 算法（比如 Raft 算法）。

🔊 **注意**

Basic Paxos 是经过证明的，而 Multi-Paxos 是一种思想，缺失实现算法的必须编程细节，这就导致 Multi-Paxos 的最终算法实现是建立在一个未经证明的基础之上的，其正确性有待验证。

换句话说，实现 Multi-Paxos 算法的最大挑战是如何证明它是正确的。比如 Chubby 的作者做了大量的测试，运行一致性检测脚本，以验证和观察系统的健壮性。在实际使用时，我不推荐设计和实现新的 Multi-Paxos 算法，而是建议优先考虑 Raft 算法，因为 Raft 的正确性是经过证明的。当 Raft 算法不能满足需求时，再考虑实现和优化 Multi-Paxos 算法。

🐱 **思维拓展**

在 3.1 节的示例中，如果节点 A、B 已经通过了提案 [5, 7]，节点 C 未通过任何提案，那么当客户端 3 发起提案编号为 9、提案值为 6 的 Basic Paxos 共识协商时，最终 3 个节点上的 X 值是多少？为什么？

另外，本章提到了 Chubby 只能在主节点上执行读操作，那么你不妨想一想，这个设计有什么局限呢？

3.3　本章小结

本章主要讲解了 Basic Paxos 的原理和一些特点，Basic Paxos 的局限，以及 Chubby 的 Multi-Paxos 实现。学习完本章，希望大家能明确这样几个重点。

1）除了共识，Basic Paxos 还实现了容错，即在少于一半的节点出现故障时，集群也能工作。它不像分布式事务算法那样，必须要所有节点都同意后才能提交操作，因为"所有节点都同意"这个原则在出现节点故障的时候会导致整个集群不可用。也就是说，"大多数节点都同意"的原则赋予了 Basic Paxos 容错的能力，让它能够容忍少于一半的节点的故障。

2）Chubby 实现了主节点（也就是兰伯特提到的领导者），也实现了兰伯特提到的**"当领导者处于稳定状态时，省掉准备阶段，直接进入接受阶段"**这个优化机制。省掉 Basic Paxos 的准备阶段，提升了数据的提交效率，但是所有写请求都在主节点处理，限制了集群处理写请求的并发能力，此时其并发能力约等于单机的并发能力。

3）因为 Chubby 的 Multi-Paxos 实现中也约定了"大多数原则"，也就是说，只要大多数节点正常运行，集群就能正常工作，所以 Chubby 能容错 $(n-1)/2$ 个节点的故障。

另外，我个人比较喜欢 Paxos 算法（兰伯特的 Basic Paxos 和 Multi-Paxos），虽然 Multi-Paxos 缺失算法细节，但这反而给我们提供了思考空间，让我们可以反复思考和考据缺失的细节，比如 Multi-Paxos 中到底需不需要选举领导者，再比如如何实现提案编号等。

但在日常工作中，我们不能只是思考，加深我们对技术理解的深度，而是要通过技术将需求实现、落地，那么在实际场景中开发分布式系统时，我们该如何选择共识算法呢？下一章我将具体讲讲最常用的共识算法：Raft 算法。

第 4 章 *Chapter 4*

Raft 算法

Raft 算法属于 Multi-Paxos 算法，它在兰伯特 Multi-Paxos 思想的基础上做了一些简化和限制，比如日志必须是连续的，只支持领导者（Leader）、跟随者（Follower）和候选人（Candidate）3 种状态。在理解和算法实现上，Raft 算法相对容易许多。

除此之外，Raft 算法是现在分布式系统开发首选的共识算法。绝大多数选用 Paxos 算法的系统（比如 Cubby、Spanner）都是在 Raft 算法发布前开发的，当时没有其他选择；**而全新的系统大多选择了 Raft 算法**（比如 Etcd、Consul、CockroachDB）。

掌握了 Raft 算法，我们就可以得心应手地满足绝大部分场景的容错和一致性需求，比如分布式配置系统、分布式 NoSQL 存储等，轻松突破系统的单机限制。

如果要用一句话概括 Raft 算法，我觉得是这样的：从本质上说，Raft 算法是通过一切以领导者为准的方式实现一系列值的共识和各节点日志的一致。这句话比较抽象，我来做个比喻：领导者就是 Raft 算法中的"霸道总裁"，通过霸道的"一切以我为准"的方式，决定了日志中命令的值，也实现了各节点日志的一致。

在本章，我会分别以领导者选举、日志复制、成员变更为核心，讲解 Raft 算法的原理。在后面的第 13 章，我还会带你进一步剖析 Raft 算法的实现，介绍基于 Raft

算法的分布式系统开发实战，希望能帮助你掌握分布式系统架构设计技巧和开发实战能力，也能加深你对 Raft 算法的理解。

在正式介绍之前，我们先来看一道思考题。

假设我们有一个由节点 A、B、C 组成的 Raft 集群（如图 4-1 所示），因为 Raft 算法是一切以领导者为准，所以如果集群中出现了多个领导者，就会出现不知道谁来做主的问题。在这样一个有多个节点的集群中，在节点故障、分区错误等异常情况下，**Raft 算法应该如何保证在同一个时间内集群中只有一个领导者呢**？

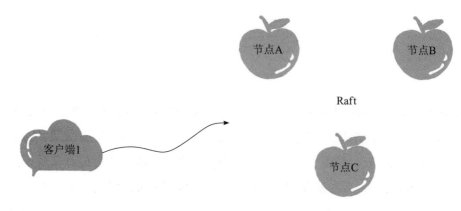

图 4-1 节点 A、B、C 组成的 Raft 集群

4.1 Raft 是如何选举领导者的

既然要选举领导者，要从哪些成员中选举呢？除了领导者，Raft 算法还支持哪些成员身份呢？这是你需要掌握的最基础的背景知识。

4.1.1 有哪些成员身份

成员身份，又叫作服务器节点状态。Raft 算法支持**跟随者**、**候选人**和**领导者** 3 种状态。为了方便讲解，我们使用不同的图形表示不同的状态，如图 4-2 所示。在任何时候，每一个服务器节点都处于这 3 个状态中的其中 1 个。

跟随者　　　　　　候选人　　　　　　领导者

图 4-2　跟随者、候选人、领导者对应的图形

- ❑ **跟随者**：相当于普通群众，默默地接收和处理来自领导者的消息，当领导者心跳信息超时的时候，他会主动站出来，推荐自己当候选人。
- ❑ **候选人**：候选人将向其他节点发送请求投票（RequestVote）RPC 消息，通知其他节点来投票，如果他赢得了大多数选票，那么他将晋升为领导者。
- ❑ **领导者**：一切以我为准，平常的主要工作内容包含三部分，处理写请求、管理日志复制和不断发送心跳信息，通知其他节点"我是领导者，你们现在不要发起新的选举，找个新领导者来替代我"。

需要注意的是，Raft 算法是强领导者模型，集群中只能有一个"霸道总裁"。

4.1.2　选举领导者的过程

那么如何从 3 个成员中选出领导者呢？为了方便理解，我以图例的形式演示一个典型的领导者选举过程。

首先，在初始状态下，集群中所有的节点都处于跟随者的状态，如图 4-3 所示。

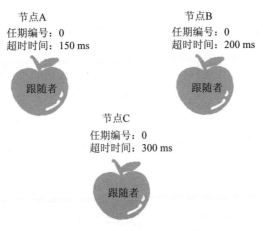

图 4-3　集群各节点处于跟随者状态

Raft 算法实现了随机超时时间的特性。也就是说，每个节点等待领导者节点心跳信息的超时时间间隔是随机的。通过图 4-3 可以看到，集群中没有领导者，而节点 A 的等待超时时间最小（150 ms），所以它会最先因为没有等到领导者的心跳信息而超时。

这个时候，节点 A 会增加自己的任期编号，并推举自己为候选人，先给自己投一张选票，然后向其他节点发送请求投票 RPC 消息，请他们选举自己为领导者，如图 4-4 所示。

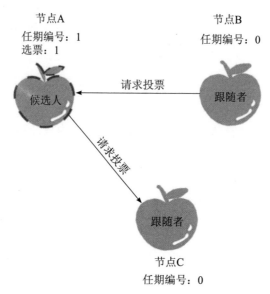

图 4-4 节点 A 向其他节点发送请求投票 RPC 消息

如果其他节点接收到候选人 A 的请求投票 RPC 消息，且在编号为 1 的这届任期内，它也还没有投过票，那么它将把选票投给节点 A，并增加自己的任期编号，如图 4-5 所示。

如果候选人在选举超时时间内赢得了大多数选票，那么它就会成为本届任期内新的领导者，如图 4-6 所示。

节点 A 当选领导者后，将周期性地发送心跳消息，通知其他服务器"我是领导者"，阻止跟随者发起新的选举、篡权，如图 4-7 所示。

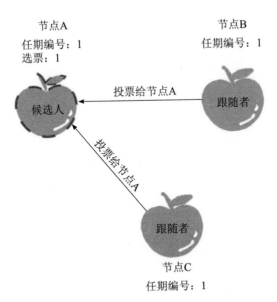

图 4-5 其他节点投票给节点 A

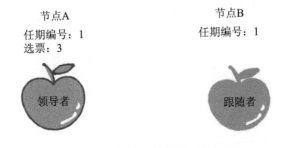

图 4-6 节点 A 赢得大多数选票，成为领导者

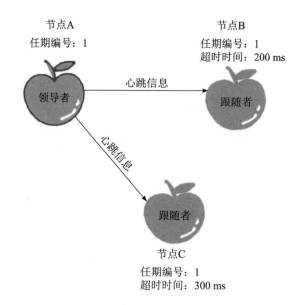

图 4-7　领导者周期性发送心跳消息

讲到这儿，你是不是发现领导者选举很容易理解？它与现实中的议会选举也很类似？当然，你可能还是会对一些细节产生疑问，举例如下。

- ❑ 节点间是如何通信的呢？
- ❑ 什么是任期呢？
- ❑ 选举有哪些规则？
- ❑ 随机超时时间又是什么？

4.1.3　选举过程四连问

老话说，细节是魔鬼。这些细节也是很多读者在学习 Raft 算法时比较难掌握的，所以这里有必要具体分析一下。我们一步步来，先来看第一个问题。

1. 节点间如何通信

在 Raft 算法中，服务器节点间采用的沟通方式是远程过程调用（RPC）。在领导者选举中，我们需要用到这样两类 RPC：

1）请求投票（RequestVote）RPC 是由候选人在选举期间发起，通知各节点进行投票；

2）日志复制（AppendEntries）RPC 是由领导者发起，用来复制日志和提供心跳消息。

需要注意的是，日志复制 RPC 只能由领导者发起，这是实现强领导者模型的关键之一，理解这一点有助于后续更好地理解日志复制，以及如何实现日志的一致。

2. 什么是任期

我们知道，议会选举中的领导者是有任期的，当领导者任命到期后，需要重新开会再次选举。Raft 算法中的领导者也是有任期的，每个任期由单调递增的数字（**任期编号**）标识。比如，节点 A 的任期编号是 1。任期编号会随着选举的举行而变化，分析如下。

1）跟随者在领导者心跳信息超时并推举自己为候选人时，会增加自己的任期编号，比如节点 A 的当前任期编号为 0，那么在推举自己为候选人时，它会将自己的任期编号增加为 1。

2）如果一个服务器节点发现自己的任期编号比其他节点小，那么它会更新自己的编号到较大的编号值。比如节点 B 的任期编号是 0，当收到来自节点 A 的请求投票 RPC 消息时，因为消息中包含了节点 A 的任期编号，且编号为 1，所以节点 B 将把自己的任期编号更新为 1。

与现实议会选举中的领导者的任期不同，Raft 算法中的任期不只是指时间段，而且任期编号的大小会影响领导者选举和请求的处理。

1）Raft 算法中约定，如果一个候选人或者领导者发现自己的任期编号比其他节点小，那么它会立即恢复成跟随者状态。比如分区错误恢复后，任期编号为 3 的领导者节点 B 收到来自新领导者的包含任期编号为 4 的心跳消息，那么节点 B 将立即恢复成跟随者状态。

2）Raft 算法中还约定，如果一个节点接收到一个包含较小的任期编号值的请求，那么它会直接拒绝这个请求。比如任期编号为 4 的节点 C 在收到包含任期编号为 3 的请求投票 RPC 消息时，会拒绝这个消息。

可以看到，Raft 算法中的任期比议会选举中的任期要复杂一些。同样，Raft 算法中的选举规则的内容也会比较多。

3.选举有哪些规则

在议会选举中，比成员身份、领导者的任期还重要的就是选举的规则，比如一人一票、弹劾制度等。"无规矩不成方圆"，Raft 算法中也约定了选举规则，主要包含以下内容。

1）领导者周期性地向所有跟随者发送心跳消息（即不包含日志项的日志复制 RPC 消息），通知大家我是领导者，阻止跟随者发起新的选举。

2）如果在指定时间内，跟随者没有接收到来自领导者的消息，那么它就认为当前没有领导者，同时**推举自己为候选人**，发起领导者选举。

3）在一次选举中，赢得大多数选票的候选人将晋升为领导者。

4）在一个任期内，领导者一直都会是领导者，直到它自身出现问题（比如宕机）或者网络延迟，其他节点才会发起一轮新的选举。

5）在一次选举中，每一个服务器节点最多会对一个任期编号投出一张选票，并且按照"**先来先服务**"的原则进行投票。比如任期编号为 3 的节点 C 先收到了 1 个包含任期编号为 4 的投票请求（来自节点 A），又收到了 1 个包含任期编号为 4 的投票请求（来自节点 B），那么节点 C 将会把唯一一张选票投给节点 A，在收到节点 B 的投票请求 RPC 消息时，它已没有选票可投了，如图 4-8 所示。

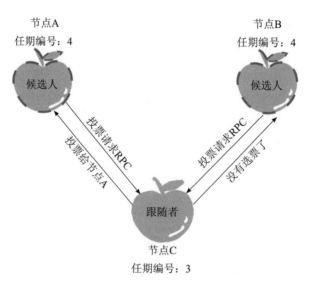

图 4-8　节点 C 按照"先来先服务"的原则进行投票

6）日志完整性高的跟随者（也就是最后一条日志项对应的任期编号值更大，索引号更大）拒绝投票给日志完整性低的候选人。比如节点 B 的任期编号为 3，节点 C 的任期编号是 4，节点 B 的最后一条日志项对应的任期编号为 3，而节点 C 的最后一条日志项对应的任期编号为 2，那么当节点 C 请求节点 B 投票给自己时，节点 B 将拒绝投票，如图 4-9 所示。

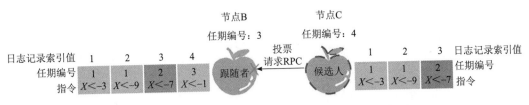

图 4-9　日志完整性高的跟随者拒绝投票给日志完整性低的候选人

🔊 **注意**

选举是跟随者发起的，推举自己为候选人；大多数选票是指集群成员半数以上的选票；大多数选票规则的目标是保证在一个给定的任期内有且只有一个领导者。

其实在选举中，除了选举规则外，我们还需要避免一些会导致选举失败的情况。比如同一任期内，多个候选人同时发起选举，导致选票被瓜分，选举失败。那么，Raft 算法是如何避免这个问题的呢？答案就是采用随机超时时间。

4. 如何理解随机超时时间

议会选举中常出现未达到指定票数，选举无效，需要重新选举的情况。Raft 算法的选举中也存在类似的问题，**那它是如何处理选举无效的问题呢？**

其实，Raft 算法巧妙地使用了随机选举超时时间的方法，即把超时时间都分散开来，在大多数情况下只有一个服务器节点先发起选举，而不是同时发起选举，从而减少因选票瓜分导致选举失败的情况。

在 Raft 算法中，**随机超时时间有两种含义，这也是很多读者容易理解错误的地方，需要注意一下：**

1）跟随者等待领导者心跳信息超时的时间间隔是随机的；

2）如果候选人在一个随机时间间隔内没有赢得过半票数，那么选举无效，然后候选人会发起新一轮的选举，也就是说，等待选举超时的时间间隔是随机的。

注意

Raft算法通过任期、领导者心跳消息、随机选举超时时间、先来先服务的投票原则、大多数选票原则等，保证了一个任期只有一位领导者，也极大地减少了选举失败的情况。

4.2 Raft 是如何复制日志的

通过4.1节，我们知道Raft除了能实现一系列值的共识之外，还能实现各节点日志的一致。但是，你也许会有这样的疑惑："什么是日志？它和我的业务数据有什么关系呢？"

想象一下，一个木筏（Raft）是由多根整齐一致的原木（Log）组成的，原木又是由木质材料组成的，已知日志是由多条日志项（Log Entry）组成的，如果把日志比喻成原木，那么日志项就是木质材料。

在Raft算法中，副本数据是以日志的形式存在的，领导者接收到来自客户端的写请求后，处理写请求的过程就是一个复制和应用（Apply）日志项到状态机的过程。

那么Raft算法是如何复制日志，又是如何实现日志的一致的呢？这些内容是Raft算法中非常核心的内容，也是本节讲解的重点。首先，咱们先来理解日志，这是掌握如何复制日志、实现日志一致的基础。

4.2.1 如何理解日志

上文提到，副本数据是以日志的形式存在的，而日志由日志项组成，那么，日志项究竟是什么呢？

其实，日志项是一种数据格式，它主要包含用户指定的数据，也就是指令（Command），以及一些附加信息，比如索引值（Log index）、任期编号（Term），如图4-10所示。我们该如何理解这些信息呢？

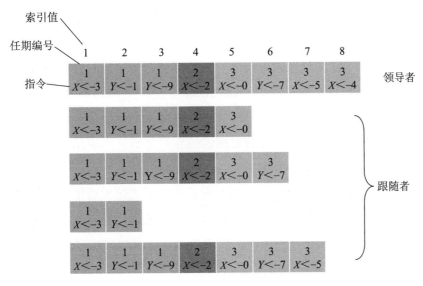

图 4-10 日志项

- **指令**：一条由客户端请求指定的、状态机需要执行的指令。你可以将指令理解成客户端指定的数据。
- **索引值**：日志项对应的整数索引值，用于标识日志项，是一个连续的、单调递增的整数号码。
- **任期编号**：创建这条日志项的领导者的任期编号。

从图 4-10 中可以看到，一届领导者任期往往有多条日志项，而且日志项的索引值是连续的，这一点需要特别注意。

现在你可能会问：不是说 Raft 算法实现了各节点间日志的一致吗？为什么图 4-10 中的 4 个跟随者的日志都不一样呢？日志是如何复制的呢？Raft 算法又是如何实现日志的一致呢？别着急，接下来咱们就来了解如何复制日志。

4.2.2 如何复制日志

你可以把 Raft 算法的日志复制理解成一个优化后的二阶段提交（将二阶段优化成了一阶段），优化后减少了一半的往返消息，也就是降低了一半的消息延迟。那日志复制的具体过程是什么呢？

首先，领导者进入第一阶段，通过日志复制 RPC 消息将日志项复制到集群中的其他节点上。

接着，如果领导者接收到大多数的"复制成功"响应后，它会将日志项应用到它的状态机，并返回成功给客户端。如果领导者没有接收到大多数的"复制成功"响应，那么就返回错误给客户端。

学到这里，有读者可能有这样的疑问，领导者将日志项应用到它的状态机，为什么没有通知跟随者应用日志项呢？

这是 Raft 算法实现的一个优化，即领导者不需要直接发送消息通知其他节点应用指定日志项。因为领导者的日志复制 RPC 消息或心跳消息包含了当前最大的、将会被提交（Commit）的日志项索引值，所以通过日志复制 RPC 消息或心跳消息，跟随者就可以知道领导者的日志提交位置信息。

因此，当其他节点接收到领导者的心跳消息或者新的日志复制 RPC 消息后，它就会将这条日志项应用到它的状态机，从而降低了处理客户端请求一半的消息延迟。

图 4-11 是 Raft 算法的日志复制的实现过程示意图，可以帮助你更好地理解和掌握相关内容。

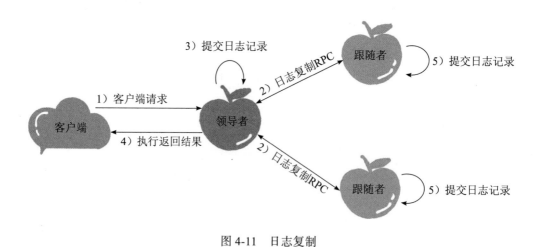

图 4-11　日志复制

1）接收到客户端请求后，领导者基于客户端请求中的指令创建一个新日志项，并附加到本地日志中。

2）领导者通过日志复制 RPC 消息将新的日志项复制到其他服务器。

3）当领导者将日志项成功复制到大多数的服务器上时，领导者会将这条日志项应用到它的状态机中。

4）领导者将执行的结果返回给客户端。

5）当跟随者接收到心跳信息或者新的日志复制 RPC 消息后，如果跟随者发现领导者已经提交了某条日志项，而它还没应用，那么跟随者就会将这条日志项应用到本地的状态机中。

不过，这是一个理想状态下的日志复制过程。在实际环境中，你可能会遇到进程崩溃、服务器宕机等问题，导致日志不一致。那么在这种情况下，Raft 算法是如何处理不一致日志，实现日志的一致的呢？

4.2.3　如何实现日志的一致性

在 Raft 算法中，领导者通过强制跟随者直接复制自己的日志项，处理不一致日志。也就是说，Raft 算法是通过以领导者的日志为准，来强制实现各节点日志的一致的。具体分为以下两个步骤。

- 领导者通过日志复制 RPC 消息的一致性检查，找到跟随者节点上与自己相同的日志项的最大索引值。也就是说，领导者和跟随者的日志在这个索引值之前是一致的，在之后的日志是不一致的。
- 领导者强制跟随者更新不一致的日志项，以实现日志的一致性。

下面我们来详细走一遍这个过程。如图 4-12 所示，为了方便演示，我们引入两个新变量。

- PrevLogEntry：表示当前要复制的日志项的前面一条日志项的索引值。比如在图 4-12 中，如果领导者将索引值为 8 的日志项发送给跟随者，那么此时 PrevLogEntry 值为 7。
- PrevLogTerm：表示当前要复制的日志项的前面一条日志项的任期编号，比如在图 4-12 中，如果领导者将索引值为 8 的日志项发送给跟随者，那么此时 PrevLogTerm 值为 4。

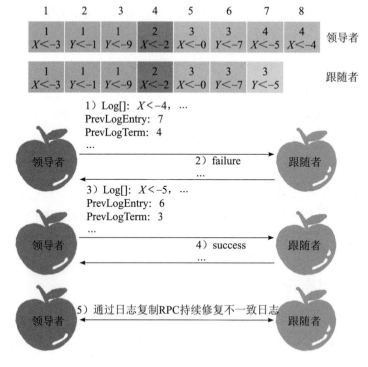

图 4-12 领导者处理不一致日志

领导者处理不一致日志的具体实现过程分析如下。

1）领导者通过日志复制 RPC 消息，发送当前最新日志项到跟随者（为了演示方便，假设当前需要复制的日志项是最新的），这个消息的 PrevLogEntry 值为 7，PrevLogTerm 值为 4。

2）如果跟随者在它的日志中找不到与 PrevLogEntry 值为 7、PrevLogTerm 值为 4 的日志项，也就是说它的日志和领导者的不一致，那么跟随者就会拒绝接收新的日志项，并返回失败给领导者。

3）这时，领导者会递减要复制的日志项的索引值，并发送新的日志项到跟随者，新的日志项的 PrevLogEntry 值为 6，PrevLogTerm 值为 3。

4）如果跟随者在它的日志中找到了 PrevLogEntry 值为 6、PrevLogTerm 值为 3 的日志项，那么日志复制 RPC 消息返回成功，这样一来，领导者就知道在 PrevLogEntry 值为 6、PrevLogTerm 值为 3 的位置，跟随者的日志项与自己的日志项相同。

5）领导者通过日志复制 RPC 消息复制并更新该索引值之后的日志项（也就是不一致的日志项），最终实现集群各节点日志的一致。

从上面步骤可以看到，领导者通过日志复制 RPC 消息的一致性检查，找到跟随者节点上与自己相同的日志项的最大索引值，然后复制并更新该索引值之后的日志项，实现各节点日志的一致。**需要注意的是，跟随者中的不一致的日志项会被领导者的日志项覆盖，而且领导者从来不会覆盖或者删除自己的日志。**

4.3　Raft 是如何解决成员变更问题的

在日常工作中，你可能会遇到服务器故障的情况，这时你需要替换集群中的服务器。如果遇到需要改变数据副本数的情况，则需要增加或移除集群中的服务器。总的来说，在日常工作中，集群中的服务器数量是会发生变化的。

讲到这儿，也许你会问："老韩，Raft 算法是共识算法，它对集群成员进行变更时（比如增加 2 台服务器），会不会因为集群分裂出现两个领导者呢？"

在我看来，的确会出现这个问题，因为 Raft 算法的领导者选举是建立在"大多数"的基础之上，那么当成员变更，集群成员发生变化时，就可能同时存在新旧配置的两个"大多数"，出现两个领导者，从而破坏了 Raft 集群的领导者唯一性，影响了集群的运行。

成员变更不仅是 Raft 算法中比较难理解也非常重要的一部分，而且是 Raft 算法中唯一被优化和改进的部分。比如，最初实现成员变更的是**联合共识（Joint Consensus）**，但这个方法实现起来很难，后来 Raft 算法的作者就提出了一种改进后的方法，**单节点变更（single-server change）**。

为了帮助你掌握这块内容，本节除了讲解成员变更问题的本质之外，还会讲解如何通过单节点变更的方法解决成员变更的问题。学完本节内容，你不仅能理解成员变更的本质和单节点变更的原理，还能更好地理解 Raft 源码实现，掌握解决成员变更问题的方法。

在开始本节内容之前，我先介绍一下"配置"这个词。因为常有读者反馈自己

不理解配置（Configuration）的含义，从而不知道如何理解论文中的成员变更。

的确，配置是成员变更中一个非常重要的概念，可以这样理解：配置用于说明集群由哪些节点组成，是集群各节点地址信息的集合。比如节点 A、B、C 组成的集群的配置就是 [A, B, C] 集合。

理解了这一点，咱们再来看一道思考题。

假设有一个由节点 A、B、C 组成的 Raft 集群，现在我们需要增加数据副本数，即增加两个副本（也就是增加两台服务器），扩展为由节点 A、B、C、D、E 这 5 个节点组成的新集群，如图 4-13 所示。

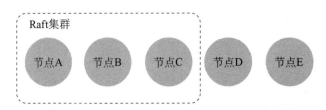

图 4-13　扩容 A、B、C 3 节点集群为 A、B、C、D、E 5 节点集群

那么在集群配置变更时，Raft 算法是如何保障集群稳定运行，而不出现两个领导者呢？

老话说的好，认识问题，才能解决问题。为了更好地理解单节点变更的方法，我们先来看一看成员变更时到底会出现什么样的问题？

4.3.1　成员变更问题

在我看来，在图 4-13 所示的集群中进行成员变更的最大风险是，可能会同时出现两个领导者。比如在进行成员变更时，节点 A、B 和 C 之间发生了分区错误，节点 A、B 组成旧配置中的"大多数"，也就是变更前的 3 节点集群中的"大多数"，那么这时的领导者（节点 A）依旧是领导者。然后，节点 C 和新节点 D、E 组成了新配置的"大多数"，也就是变更后的 5 节点集群中的"大多数"，它们可能会选举出新的领导者（比如节点 C）。那么这时就出现了同时存在两个领导者的情况，如图 4-14 所示。

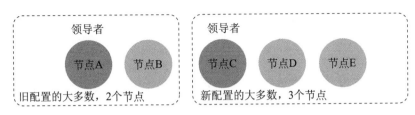

图 4-14　出现了新旧配置的两个领导者

两个领导者违背了"领导者的唯一性"的原则，进而影响到集群的稳定运行。如何解决这个问题呢？也许有读者想到下面这种解决方法。

集群在启动时的配置是固定的，不存在成员变更，此时，Raft 算法的领导者选举能保证只有一个领导者，也就是说，这时不会出现多个领导者的问题。那么，我们是否可以先将集群关闭再启动新集群，即先关闭由节点 A、B、C 组成的集群，待成员变更后，再启动由节点 A、B、C、D、E 组成的新集群？

在我看来，这个方法不可行。为什么呢？因为每次变更都要重启集群，意味着在集群变更期间服务不可用，这势必会影响用户体验。想象一下，你正在玩王者荣耀，但时不时会收到系统弹出的对话框，通知你：系统升级，游戏暂停 3 分钟。这种体验糟糕不糟糕？

既然这种方法影响用户体验，根本行不通，那应该怎样解决成员变更的问题呢？**最常用的方法就是单节点变更**。

注意

成员变更的问题主要在于成员变更时，可能存在新旧配置的两个"大多数"，导致集群中同时出现两个领导者，破坏了 Raft 算法的领导者的唯一性原则，影响了集群的稳定运行。

4.3.2　如何通过单节点变更解决成员变更问题

单节点变更就是通过一次变更一个节点实现成员变更。如果需要变更多个节点，则需要执行多次单节点变更。比如在将 3 节点集群扩容为 5 节点集群时，你需要执行两次单节点变更，先将 3 节点集群变更为 4 节点集群，再将 4 节点集群变更为 5 节点集群，如图 4-15 所示。

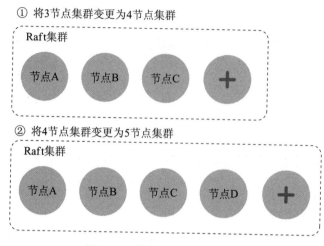

图 4-15 执行两次单节点变更

现在，我们回到开篇的思考题，看看如何通过单节点变更的方法解决成员变更的问题。为了演示方便，我们假设节点 A 是领导者，如图 4-16 所示。

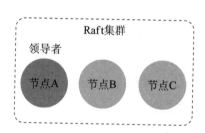

图 4-16 节点 A 是集群的领导者

目前的集群配置为 [A, B, C]，我们先向集群中加入节点 D，这意味着新配置为 [A, B, C, D]。具体实现步骤如下。

第一步，领导者（节点 A）向新节点（节点 D）同步数据。

第二步，领导者（节点 A）将新配置 [A, B, C, D] 作为一个日志项复制到新配置中的所有节点（节点 A、B、C、D）上，然后将新配置的日志项应用到本地状态机，完成单节点变更，如图 4-17 所示。

变更完成后，集群配置变为 [A, B, C, D]，我们再向集群中加入节点 E，也就是说，新配置为 [A, B, C, D, E]。具体实现步骤与上面类似。

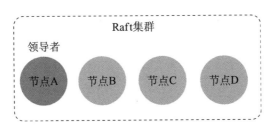

图 4-17 将节点 D 加入集群中

第一步，领导者（节点 A）向新节点（节点 E）同步数据。

第二步，领导者（节点 A）将新配置 [A, B, C, D, E] 作为一个日志项复制到新配置中的所有节点（A、B、C、D、E）上，然后将新配置的日志项应用到本地状态机，完成单节点变更，如图 4-18 所示。

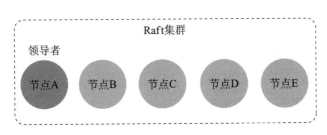

图 4-18 将节点 E 加入集群中

这样一来，我们就通过一次变更一个节点的方式完成了成员变更，保证了集群中始终只有一个领导者，也保证了集群稳定运行，持续提供服务。

在正常情况下，**不管旧的集群配置是怎么组成的，旧配置的"大多数"和新配置的"大多数"都会有一个节点是重叠的。**也就是说，不会同时存在旧配置和新配置两个"大多数"，如图 4-19 所示。

从图 4-19 中可以看到，不管集群是偶数节点还是奇数节点，不管是增加节点还是移除节点，新旧配置的"大多数"都会存在重叠。

需要注意的是，在分区错误、节点故障等情况下，如果我们并发执行单节点变更，那么就可能出现一次单节点变更尚未完成，新的单节点变更又在执行，进而导致集群出现两个领导者的情况。

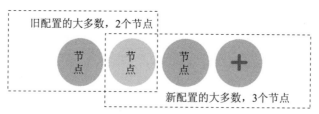

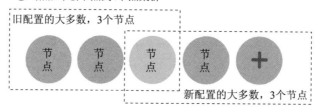

图 4-19 不会同时存在旧配置和新配置两个"大多数"

如果你遇到这种情况，可以在领导者启动时创建一个 NO_OP 日志项（也就是空日志项），当领导者应用该 NO_OP 日志项后，再执行成员变更请求。具体实现可参考 Hashicorp Raft 的源码，也就是 runLeader() 函数，如代码清单 4-1 所示。

代码清单 4-1　创建一个 NO_OP 日志项

```
noop := &logFuture{
    log: Log{
        Type: LogNoop,
    },
}
r.dispatchLogs([]*logFuture{noop})
```

当然，有的读者会好奇"联合共识"，在我看来，联合共识难以实现，很少被 Raft 算法采用，比如，除了 Logcabin 外，目前还没有其他常用 Raft 算法采用这种方式，所以这里不再赘述。如果你有兴趣，可以自己去阅读论文，加深了解。

📖 **注意**

因为联合共识实现起来复杂，所以绝大多数 Raft 算法采用的都是单节点变更的方法（比如 Etcd、Hashicorp Raft）。其中，Hashicorp Raft 单节点变更的实现是由 Raft 算法的作者迭戈·安加罗（Diego Ongaro）设计的，很有参考价值。

4.4　Raft 与一致性

有很多读者把 Raft 算法当成一致性算法，其实它不是一致性算法而是共识算法，是一个 Multi-Paxos 算法，实现的是如何就一系列值达成共识。并且，Raft 算法能容忍少数节点的故障。虽然 Raft 算法能实现强一致性，也就是线性一致性（Linearizability），但需要客户端协议的配合。在实际场景中，我们一般需要根据场景特点，在一致性强度和实现复杂度之间进行权衡。比如 Consul 实现了 3 种一致性模型。

- □ default：客户端访问领导者节点执行读操作，领导者确认自己处于稳定状态时（在 leader leasing 时间内），返回本地数据给客户端，否则返回错误给客户端。在这种情况下，客户端是可能读到旧数据的，比如此时发生了网络分区错误，新领导者已经更新过数据，但因为网络故障，旧领导者未更新数据也未退位，仍处于稳定状态。

- □ consistent：客户端访问领导者节点执行读操作，领导者在和大多数节点确认自己仍是领导者之后返回本地数据给客户端，否则返回错误给客户端。在这种情况下，客户端读到的都是最新数据。

- □ stale：从任意节点读数据，不局限于领导者节点，客户端可能会读到旧数据。

一般而言，在实际工程中，使用 Consul 的 consistent 就可以了，不用线性一致性，只要能保证写操作完成后，每次读都能读到最新值即可。比如为了实现幂等操作，我们使用一个编号（ID）来唯一标记一个操作，并使用一个状态字段（nil/done）来标记操作是否已经执行，那么只要我们能保证设置了 ID 对应状态值为 done 后，能立即和一直读到最新状态值，就可以通过防止操作的重复执行，实现幂等性。

总的来说，Raft 算法能很好地处理绝大部分场景的一致性问题，**推荐**在设计分布式系统时，优先考虑 Raft 算法，当 Raft 算法不能满足现有场景需求时，再去调研其他共识算法。

比如我负责过多个 QQ 后台的海量服务分布式系统，其中配置中心、名字服务以及时序数据库的 META 节点，采用了 Raft 算法。在设计时序数据库的 DATA 节点一致性时，基于水平扩展、性能和数据完整性等考虑，就没采用 Raft 算法，而是采用了 Quorum NWR、失败重传、反熵等机制。这样安排的好处是，不仅满足了业务的需求，还通过尽可能采用最终一致性方案的方式，实现系统的高性能，降低了成本。

📀 **注意**

Raft 算法和兰伯特的 Multi-Paxos 的不同之处主要有两点：首先，在 Raft 算法中，不是所有节点都能当选领导者，只有日志较完整的节点（也就是日志完整度不比半数节点低的节点）才能当选领导者；其次，在 Raft 算法中，日志必须是连续的。

🖐 **思维拓展**

本章提到 Raft 算法实现了"一切以我为准"的强领导者模型，那么你不妨思考一下，这个设计有什么限制和局限呢？

本章也提到领导者接收到大多数的"复制成功"响应后，就会将日志应用到自己的状态机，然后返回"成功"给客户端。如果此时有一个节点不在"大多数"中，也就是说它接收日志项失败，那么 Raft 算法会如何实现日志的一致呢？

4.5　本章小结

本章，我们了解了 Raft 算法的特点、领导者选举、什么是日志、如何复制日志、以及如何处理不一致日志，还有成员变更的问题和单节点变更的方法等。学完本章，希望大家能明确以下几个重点。

1）本质上，Raft 算法以领导者为中心，选举出的领导者以"一切以我为准"的方式，达成值的共识和实现各节点日志的一致。

2）在 Raft 算法中，副本数据是以日志的形式存在的，其中日志项中的指令表示用户指定的数据。在 Raft 算法中日志必须是连续的，而兰伯特的 Multi-Paxos 不要求日志是连续的，而且在 Raft 算法中，日志不仅是数据的载体，日志的完整性还影响着领导者选举的结果。也就是说，日志完整性最高的节点才能当选领导者。

3）单节点变更是利用"一次变更一个节点，不会同时存在旧配置和新配置两个'大多数'"的特性，实现成员变更。

学习完 Raft 算法后，有读者可能有这样的疑问：强领导者模型会限制集群的写性能，有什么办法能突破 Raft 集群的写性能瓶颈呢？可以通过一致哈希算法来实现分集群，具体将在下一章介绍。

一致哈希算法

学完第 4 章，有些读者可能有这样的疑问：如果我们通过 Raft 算法实现了 KV 存储，虽然领导者模型简化了算法实现和共识协商，但写请求只能限制在领导者节点上处理，导致集群的接入性能约等于单机，随着业务发展，集群的性能可能就扛不住了，造成系统过载和服务不可用，这时该怎么办呢？

其实这是一个非常常见的问题。在我看来，这时我们就要通过分集群突破单集群的性能限制了。

有读者可能会说，分集群还不简单吗？在模型中加一个 Proxy 层，由 Proxy 层处理来自客户端的读写请求，在接收到读写请求后，通过对 Key 做哈希找到对应的集群就可以了。

是的，哈希算法的确是个办法，但它有个明显的缺点：当需要变更集群数时（比如从两个集群扩展为三个集群），大部分的数据都需要迁移，重新映射，而数据的迁移成本是非常高的。那么如何解决哈希算法数据迁移成本高的痛点呢？答案就是使用一致哈希（Consistent Hashing）算法。

为了更好地理解如何通过哈希寻址实现 KV 存储的分集群，本章除了讲解哈希算法寻址问题的本质之外，还会讲解一致哈希是如何解决哈希算法数据迁移成本高这个痛点，以及如何实现数据访问的冷热相对均匀的。

学完本章内容，你不仅能理解一致哈希算法的原理，还能掌握通过一致哈希算法实现数据访问冷热均匀的实战能力。

老规矩，在正式开始学习之前，我们先看一道思考题。

假设我们有一个由 A、B、C 3 个节点组成（为了方便演示，我使用节点来替代集群）的 KV 服务，每个节点存放不同的 KV 数据，如图 5-1 所示。

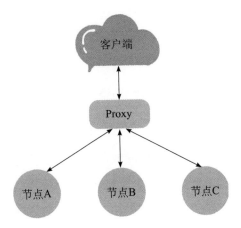

图 5-1　A、B、C 3 节点组成的 KV 服务

那么，使用哈希算法实现哈希寻址时到底有哪些问题呢？带着这个问题，让我们开始本章的内容吧。

5.1　使用哈希算法有什么问题

通过哈希算法，每个 key 都可以寻址到对应的服务器，比如，查询 key 是key-01，计算公式为 hash(key-01)%3，经过计算寻址到了编号为 1 的服务器节点 A（如图 5-2 所示）。

但如果服务器数量发生变化，我们基于新的服务器数量来执行哈希算法时，就会出现路由寻址失败的情况，导致 Proxy 无法找到之前寻址到的那个服务器节点，这是为什么呢？

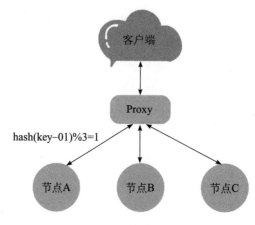

图 5-2   哈希寻址

想象一下，假如 3 个节点不能满足当前的业务需要，这时我们增加了一个节点，节点的数量从 3 变为 4，那么之前的 hash(key-01)%3=1 就变成了 hash(key-01)%4=X，因为取模运算发生了变化，所以这个 X 大概率不是 1（可能是 2），这时你再查询，就会找不到数据，因为 key-01 对应的数据存储在节点 A 上，而不是节点 B 上，如图 5-3 所示。

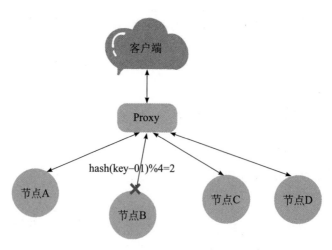

图 5-3   新增一个节点，寻址发生了变化

同样的道理，如果我们需要下线 1 个服务器节点（也就是缩容），也会存在类似

的问题。

而解决这个问题的办法在于我们要迁移数据，基于新的计算公式 hash(key-01)%4 来重新对数据和节点做映射。需要注意的是，数据的迁移成本是非常高的。

为了便于理解，我用一个示例来说明。对于 1000 万个 key 的 3 节点 KV 存储，如果我们增加 1 个节点，即 3 节点集群变为 4 节点集群，则需要迁移 75% 的数据，如代码清单 5-1 所示。

代码清单 5-1　计算 3 节点集群变成 4 节点集群时需要迁移的数据量

```
$ go run ./hash.go  -keys 10000000 -nodes 3 -new-nodes 4
74.999980%
```

从示例代码的输出可以看到，迁移成本非常高昂，这在实际生产环境中也是无法想象的。

5.2　如何使用一致哈希算法实现哈希寻址

一致哈希算法也采用取模运算，但与哈希算法是对节点的数量进行取模不同，一致哈希算法是对 2^32 进行取模。你可以想象一下，一致哈希算法是将整个哈希值空间组织成一个虚拟的圆环，也就是哈希环，如图 5-4 所示。

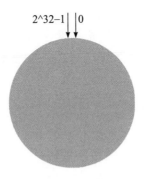

图 5-4　哈希环

从图 5-4 中可以看到，哈希环的空间是按顺时针方向组织的，圆环的正上方的点代表 0，0 点右侧的第一个点代表 1，以此类推，2、3、4、5、6……直到 2^32–1，也就是说 0 点左侧的第一个点代表 2^32–1。

在一致哈希算法中，你可以通过执行哈希算法（为了演示方便，假设哈希算法函数为 c-hash()）将节点映射到哈希环上，比如选择节点的主机名作为参数进行 c-hash() 函数运算，确定每个节点在哈希环上的位置，如图 5-5 所示。

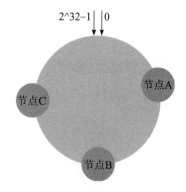

图 5-5 将节点 A、B、C 映射到哈希环上

当需要对指定 key 的值进行读写的时候，你可以通过下面两步进行寻址：

☐ 首先，将 key 作为参数进行 c-hash() 函数运算，计算哈希值，并确定此 key 在环上的位置；

☐ 然后，从这个位置沿着哈希环顺时针"行走"，遇到的第一节点就是 key 对应的节点。

为了更好地理解如何通过一致哈希寻址，我用一个示例来说明。假设 key-01、key-02、key-03 3 个 key 经过哈希算法 c-hash() 函数计算后，在哈希环上的位置如图 5-6 所示。

那么根据一致哈希算法，key-01 将寻址到节点 A，key-02 将寻址到节点 B，key-03 将寻址到节点 C。讲到这儿，你可能会问："老韩，那一致哈希是如何避免哈希算法的问题的呢？"

别着急，接下来我会分别以增加节点和移除节点为例来解释说明。假设现在有一个节点故障了（比如节点 C），如图 5-7 所示。

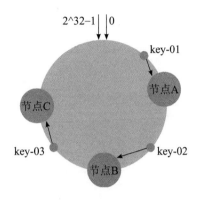

图 5-6　对 key-01、key-02、key-03 进行一致哈希运算

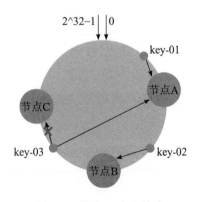

图 5-7　节点 C 发生故障

可以看到，key-01 和 key-02 不会受到影响，而 key-03 的寻址被重定位到 A。一般来说，在一致哈希算法中，如果某个节点宕机不可用了，那么受影响的数据仅仅是会寻址到此节点和前一节点之间的数据。比如当节点 C 宕机时，受影响的数据是会寻址到节点 B 和节点 C 之间的数据（例如 key-03），而寻址到其他哈希环空间的数据（例如 key-01）不会受到影响。

如果此时集群不能满足业务的需求，则需要扩容一个节点（也就是增加一个节点，比如 D），如图 5-8 所示。

可以看到，key-01、key-02 不会受到影响，而 key-03 的寻址被重定位到新节点 D。一般而言，在一致哈希算法中，如果增加一个节点，受影响的数据仅仅是会寻址到新节点和前一节点之间的数据，其他数据则不会受到影响。

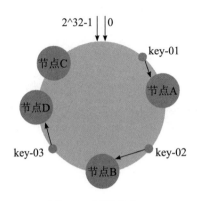

图 5-8 新增节点 D

我们一起来看一个例子[⊖]，对于 1000 万个 key 的 3 节点 KV 存储，如果我们使用一致哈希算法增加 1 个节点，即 3 节点集群变为 4 节点集群，则只需要迁移 24.3%的数据，如代码清单 5-2 所示。

代码清单 5-2 计算 3 节点集群变成 4 节点集群时，一致哈希需要迁移的数据量

```
$ go run ./consistent-hash.go  -keys 10000000 -nodes 3 -new-nodes 4
24.301550%
```

你看，使用了一致哈希算法后，我们需要迁移的数据量仅为使用哈希算法时的三分之一，是不是大大提升了效率呢？

总的来说，使用一致哈希算法在扩容或缩容时，都只需要重定位环空间中的一小部分数据。**也就是说，一致哈希算法具有较好的容错性和可扩展性。**

需要注意的是，在哈希寻址中常出现这样的问题：客户端访问请求集中在少数的节点上，导致有些机器高负载，有些机器低负载的情况。那么有什么办法能让数据访问分布得比较均匀呢？答案就是虚拟节点。

在一致哈希算法中，如果节点太少，则很容易因为节点分布不均匀造成数据访问的冷热不均，也就是说，大多数访问请求都会集中少量几个节点上，如图 5-9所示。

⊖ https://github.com/hanj4096/hash。

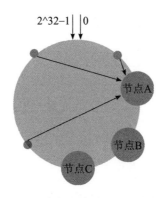

图 5-9　冷热不均的一致哈希寻址

从图 5-9 中可以看到，虽然集群有 3 个节点，但访问请求主要集中在节点 A 上。**那么，如何通过虚拟节点解决冷热不均的问题呢？**

其实，可以对每一个服务器节点计算多个哈希值，在每个计算结果位置上都放置一个虚拟节点，并将虚拟节点映射到实际节点。比如，可以在主机名的后面增加编号，分别计算 Node-A-01、Node-A-02、Node-B-01、Node-B-02、Node-C-01、Node-C-02 的哈希值，形成 6 个虚拟节点，如图 5-10 所示。

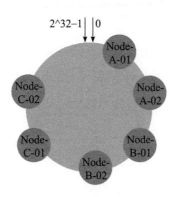

图 5-10　实现虚拟节点

从图 5-10 中可以看到，增加了节点后，节点在哈希环上的分布就相对均匀了。这时，如果有访问请求寻址到 Node-A-01 这个虚拟节点，将被重定位到节点 A。你看，这样我们就解决了冷热不均的问题。

可能有读者已经发现了，节点数越多，使用哈希算法时需要迁移的数据就越多，而使用一致哈希算法时需要迁移的数据就越少，如代码清单 5-3 所示。

代码清单 5-3 哈希算法和一致哈希算法迁移数据对比

```
$ go run ./hash.go  -keys 10000000 -nodes 3 -new-nodes 4
74.999980%
$ go run ./hash.go  -keys 10000000 -nodes 10 -new-nodes 11
90.909000%

$ go run ./consistent-hash.go  -keys 10000000 -nodes 3 -new-nodes 4
24.301550%
$ go run ./consistent-hash.go  -keys 10000000 -nodes 10 -new-nodes 11
6.479330%
```

从示例代码的输出中可以看到，当我们向 10 节点集群中增加节点时，**如果使用哈希算法，则需要迁移高达 90.91% 的数据，如果使用一致哈希算法，则需要迁移 6.48% 的数据。**

需要注意的是，使用一致哈希算法实现哈希寻址时，可以通过增加节点数来降低节点宕机对整个集群的影响，以及故障恢复时需要迁移的数据量。后续在需要时，你也可以通过增加节点数来提升系统的容灾能力和故障恢复效率。

📖 **思维拓展**

Raft 集群具有容错能力，能容忍少数的节点故障，那么在多个 Raft 集群组成的 KV 系统中，如何设计一致哈希算法，以实现当某个集群的领导者节点出现故障并选举出新的领导者后，整个系统还能稳定运行呢？

5.3　本章小结

本章主要讲解了哈希算法的缺点、一致哈希算法的原理等内容。学习完本章，希望大家能明确这样几个重点。

1）一致哈希算法是一种特殊的哈希算法，该算法可以使节点增减变化时只影响到部分数据的路由寻址，也就是说我们只要迁移部分数据，就能实现集群的稳定了。

2）当节点数较少时，可能会出现节点在哈希环上分布不均匀的情况，即每个节点实际在环上占据的区间大小不一，最终导致业务对节点的访问冷热不均。而这个问题可以通过引入更多的虚拟节点来解决。

3）一致哈希算法本质上是一种路由寻址算法，适合简单的路由寻址场景，比如，在 KV 存储系统内部，它的特点是简单，不需要维护路由信息。

学习到这里，有读者可能有这样的疑问：关于 Raft 算法的原理以及一致哈希算法如何突破集群"领导者"的限制，我了解了，但我们公司的配置中心、名字路由等使用的是 ZooKeeper，那么 ZAB 协议是如何实现一致性的呢？ZAB 协议和 Raft 算法又有什么不一样呢？这些就是我将在下一章讲解的内容。

ZAB 协议

很多读者应该使用过 ZooKeeper，它是一个开源的分布式协调服务，比如你可以用它进行配置管理、名字服务等。在 ZooKeeper 中，数据是以节点的形式存储的。如果你要用 ZooKeeper 做配置管理，那么就需要在里面创建指定配置，假设创建节点 /geekbang 和 /geekbang/time，步骤如代码清单 6-1 所示。

代码清单 6-1　创建节点 /geekbang 和 /geekbang/time

```
[zk: 192.168.0.10:2181(CONNECTED) 0] create /geekbang 123
Created /geekbang
[zk: 192.168.0.10:2181(CONNECTED) 1] create /geekbang/time 456
Created /geekbang/time
```

如代码所示，我们分别创建了配置节点 /geekbang 和 /geekbang/time，对应的值分别为 123 和 456。那么在这里我提个问题：你觉得在 ZooKeeper 中能用兰伯特的 Multi-Paxos 实现各节点数据的共识和一致吗？

当然不行。因为兰伯特的 Multi-Paxos 虽然能保证达成共识后的值不再改变，但它不关心达成共识的值是什么，也无法保证各值（也就是操作）的顺序性。而这是 ZAB 协议着力解决的，也是你理解 ZAB 协议的关键。

为了更好地理解这个协议，接下来，我将分别以如何实现操作的顺序性、领导者选举、故障恢复、处理读写请求为例展开具体讲解。希望你能在全面理解 ZAB 协议的同时，加深对 Paxos 算法的理解。

接下来，我会从 ZAB 协议的最核心设计目标（如何实现操作的顺序性）出发，带你了解它的基础原理。

老规矩，在开始本章的内容之前，我们先来看一道思考题。

假如有一个由节点 A、B、C 组成的分布式集群（如图 6-1 所示），我们要设计一个算法来保证指令（比如 X、Y）执行的顺序性，比如，指令 X 在指令 Y 之前执行，那么我们该如何设计这个算法呢？

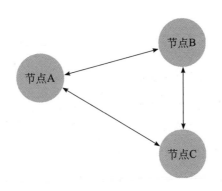

图 6-1　节点 A、B、C 组成的分布式集群

带着这个问题，我们进入本章的内容。

6.1　如何实现操作的顺序性

在了解如何实现操作的顺序性之前，我们先来了解下为什么 Multi-Paxos 无法保证操作的顺序性。

6.1.1　为什么 Multi-Paxos 无法保证操作的顺序性

为了让你真正理解这个问题，我举个具体的例子演示一下（为了演示方便，我们假设当前所有节点上的被选定指令的最大序号都为 100，那么新提议的指令对应的序号就会是 101）。

首先节点 A（领导者，提案编号为 1）提议指令 X、Y，对应的序号分别为 101 和 102，但是因为网络故障，指令只成功复制到了节点 A，如图 6-2 所示。

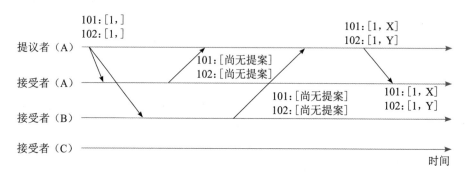

图 6-2 领导者 A 提议指令 X、Y 但指令只成功复制到了节点 A

假设这时节点 A 故障了，新当选的领导者为节点 B。节点 B 当选领导者后，需要先作为学习者了解目前已被选定的指令。节点 B 学习之后，发现当前被选定指令的最大序号为 100（因为节点 A 故障了，它的被选定指令的最大序号 102 无法被节点 B 发现），那么它可以从序号 101 开始提议新的指令。这时节点 B 接收到客户端请求，并提议指令 Z，指令 Z 被成功复制到节点 B、C，如图 6-3 所示。

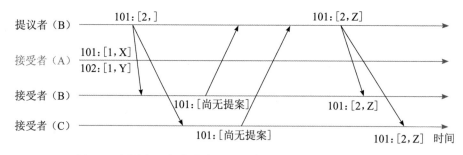

图 6-3 领导者 B 提议指令 Z 且指令被成功复制到节点 B、C

假设这时节点 B 故障了，节点 A 故障恢复了，选举出领导者 C 后，节点 B 故障也恢复了。节点 C 当选领导者后，需要先作为学习者了解目前已被选定的指令，这时它执行 Basic Paxos 的准备阶段就会发现之前选定的值（比如 Z、Y），然后发送接受请求，最终在序号 101、102 处达成共识的指令是 Z、Y，如图 6-4 所示。

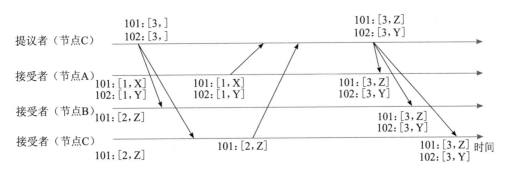

图 6-4　领导者 C 提议指令 Z、Y 且指令最终被接受

可以看到，原本预期的指令是 X、Y，最后变成了 Z、Y。现在，你应该可以知道为什么 Multi-Paxos 不能达到我们想要的结果了吧？

这个过程其实很明显地验证了"Multi-Paxos 虽然能保证达成共识后的值不再改变，但它不关心达成共识的值是什么"。

我们接着回到开篇的问题，假设我们在 ZooKeeper 中直接使用了兰伯特的 Multi-Paxos，那么系统在创建节点 /geekbang 和 /geekbang/time 时就可能会出现先创建节点 /geekbang/time 的情况，这样肯定就出错了（如代码清单 6-2 所示）。

代码清单 6-2　创建节点 /geekbang/time 失败

```
[zk: 192.168.0.10:2181(CONNECTED) 0] create /geekbang/time 456
Node does not exist: /geekbang/time
```

因为创建节点 /geekbang/time 时找不到节点 /geekbang，所以创建失败。

在这里我多说几句，除了 Multi-Paxos，兰伯特还有很多关于分布式的理论，这些理论都很经典（比如拜占庭将军问题），但也因为提出的时间太早了，与实际场景结合的不多，所以后续的众多算法都在这些理论的基础上做了大量的改进（比如，PBFT、Raft 等算法）。

另外我再延伸一下，其实 ZAB 论文"*Zab: High-Performance Broadcast for Primary-Backup Systems*⊖"中关于 Paxos 问题的分析是有争议的。ZooKeeper 当时应该考虑的是 Multi-Paxos，而不是有多个提议者的 Basic Paxos。因为在 Multi-

---

⊖　https://www.semanticscholar.org/paper/Zab%3A-High-performance-broadcast-for-primary-backup-Junqueira-Reed/b02c6b00bd5dbdbd951fddb00b906c82fa80f0b3。

Paxos 中，领导者作为唯一提议者，是不存在同时有多个提议者的情况。也就是说，Paxos（更确切地说是 Multi-Paxos）无法保证操作的顺序性，但问题的原因不是 ZAB 论文中演示的原因，**本质上是因为 Multi-Paxos 实现的是一系列值的共识，而不关心最终达成共识的值是什么，也不关心各值的顺序**，就像我们在上面演示的过程那样。

既然 Multi-Paxos 不合适，ZooKeeper 是如何实现操作的顺序性的呢？答案是它采用了 ZAB 协议。

你可能会说：Raft 算法可以实现操作的顺序性，为什么 ZooKeeper 不采用 Raft 算法呢？这个问题的答案其实比较简单，因为 Raft 算法是在 2013 年才正式提出，而 ZooKeeper 是在 2007 年开发出来的。

🄰 **注意**

说到 ZAB 协议，很多读者可能有这样的疑问：为什么 ZAB 协议的作者在 "*Zab vs. Paxos*⊖" 宣称 ZAB 协议不是 Paxos 算法，但又有很多资料提到 ZAB 协议是 Multi-Paxos 算法呢？究竟该如何理解呢？

我的看法是，你可以把它理解为 Multi-Paxos 算法。因为技术是发展的，概念的内涵也在变化。ZAB 协议与 Raft 算法（主备、强领导者模型）非常类似，它是作为共识算法和 Multi-Paxos 算法提出的。当它被广泛接受和认可后，共识算法的内涵也就丰富和发展了，不仅能实现一系列值的共识，还能保证值的顺序性。同样，Multi-Paxos 算法不仅指代多次执行 Basic Paxos 的算法，还指代主备、强领导者模型的共识算法。

当然，在学习技术过程中，我们不可避免地会遇到有歧义、有争议的信息，比如，有读者提到"从网上搜了搜相关资料，发现大部分资料将谣言传播等同于 Gossip 协议，也有把反熵等同于 Gossip 协议的，感到很迷惑"。这就需要我们不仅要在平时的工作和学习中认真、全面地学习理论，掌握概念的内涵，还要能"包容"和"发展"着理解技术。

⊖ https://cwiki.apache.org/confluence/display/ZOOKEEPER/Zab+vs.+Paxos.

6.1.2　ZAB 协议是如何实现操作的顺序性的

如果用一句话解释 ZAB 协议到底是什么，我觉得它是能保证操作顺序性的、基于主备模式的原子广播协议。

接下来，我还是以指令 X、Y 为例具体演示一下，帮助你更好地理解为什么 ZAB 协议能实现操作的顺序性（为了演示方便，我们假设节点 A 为主节点，节点 B、C 为备份节点）。

首先，在 ZAB 协议中，写操作必须在主节点（比如节点 A）上执行。如果客户端访问的节点是备份节点（比如节点 B），则备份节点会将写请求转发给主节点，如图 6-5 所示。

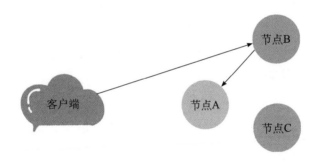

图 6-5　备份节点将接收到的写请求转发给主节点

接着，当主节点接收到写请求后，它会基于写请求中的指令（也就是 X，Y）来创建一个提案（Proposal），并使用一个唯一的 ID 来标识这个提案。这里我说的唯一的 ID 就是事务标识符（Transaction ID，也就是 zxid），如图 6-6 所示。

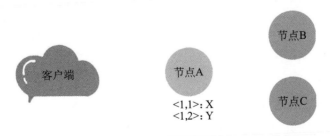

图 6-6　主节点接收到写请求后创建提案

从图 6-6 中可以看到，指令 X、Y 对应的事务标识符分别为 <1, 1> 和 <1, 2>。这两个标识符是什么含义呢？

你可以这么理解，事务标识符是 64 位的 long 型变量，由任期编号 epoch 和计数器 counter 两部分组成（为了形象和方便理解，我把 epoch 翻译成任期编号），格式为 <epoch, counter>，其中，高 32 位为任期编号，低 32 位为计数器。

❑ 任期编号就是创建提案时领导者的任期编号，当新领导者当选时，任期编号递增，计数器被设置为零。比如，前领导者的任期编号为 1，那么新领导者对应的任期编号将为 2。

❑ 计数器就是具体标识提案的整数，每次领导者创建新的提案时，计数器将递增。比如，前一个提案对应的计数器值为 1，那么新的提案对应的计数器值将为 2。

为什么要设计这么复杂呢？因为事务标识符必须按照顺序、唯一标识一个提案，也就是说，事务标识符必须是唯一的、递增的。

在创建完提案之后，主节点会基于 TCP 协议并按照顺序将提案广播到其他节点，如图 6-7 所示，这样就能保证先发送的消息先被收到，进而保证消息接收的顺序性。

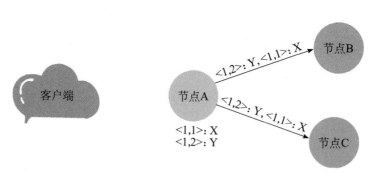

图 6-7 主节点将提案广播到其他节点

如图 6-7 所示，指令 X 一定在指令 Y 之前到达节点 B、C。

然后，当主节点接收到指定提案的大多数的确认响应后，该提案将处于提交状态（Committed），此时主节点会通知备份节点提交该提案，如图 6-8 所示。

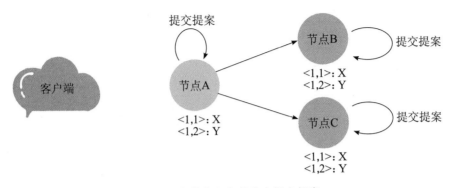

图 6-8　主节点和备份节点提交提案

主节点提交提案是有顺序性的。它会根据事务标识符大小顺序提交提案，如果前一个提案未提交，此时主节点是不会提交后一个提案的。也就是说，指令 X 一定会在指令 Y 之前提交。

最后，主节点返回执行成功的响应给节点 B，由节点 B 再转发给客户端。**这样我们就实现了操作的顺序性，保证了指令 X 一定在指令 Y 之前执行。**

最后我想补充的是，当执行完写操作后，接下来你可能需要执行读操作。为了提升读并发能力，ZooKeeper 提供的是最终一致性，也就是说，读操作可以在任何节点上执行（如图 6-9 所示），客户端会读到旧数据。

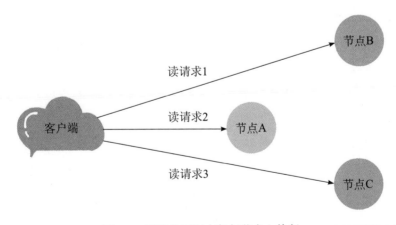

图 6-9　读操作可以在任何节点上执行

如果客户端必须要读到最新数据，怎么办呢？ZooKeeper 提供了一个解决办法，那就是 sync 命令。我们可以在执行读操作前执行 sync 命令，从而使客户端可以读到最新数据，如代码清单 6-3 所示。

代码清单 6-3　执行 sync 命令后再执行读操作

```
[zk: 192.168.0.10:2181(CONNECTED) 2] sync /geekbang/time
[zk: 192.168.0.10:2181(CONNECTED) 3] Sync returned 0
[zk: 192.168.0.10:2181(CONNECTED) 3] get /geekbang/time
456
cZxid = 0x100000005
ctime = Mon Apr 20 21:19:28 HKT 2020
mZxid = 0x100000005
mtime = Mon Apr 20 21:19:28 HKT 2020
pZxid = 0x100000005
cversion = 0
dataVersion = 0
aclVersion = 0
ephemeralOwner = 0x0
dataLength = 3
numChildren = 0
[zk: 192.168.0.10:2181(CONNECTED) 4]
```

注意

ZAB 协议的术语众多，而且有些术语表达的是同一个含义，它们有些在文档中出现，有些在代码中出现。你只有准确理解术语，才能更好地理解 ZAB 协议的原理。这里我补充一些内容。

❑ 提案（Proposal）：进行共识协商的基本单元，可以理解为操作（Operation）或指令（Command），常出现在文档中。

❑ 事务（Transaction）：也是指提案，常出现在代码中。比如，pRequest2Txn() 将接收到的请求转换为事务；再比如，未提交提案会持久化存储在事务日志中。这里需要注意的是，这个术语很容易引起误解，因为它不是指更广泛被接受的含义，具有 ACID 特性的操作序列，而是仅仅指提案。

6.2　主节点崩溃了，怎么办

众所周知，系统在运行中不可避免会出现各种各样的问题，比如进程崩溃了、服务器死机了，这些问题会导致很严重的后果，让系统没办法继续运行。学完 6.1 节后，你应该还记得，在 ZAB 协议中，写请求是必须在主节点上处理的，而且提案的广播和提交也是由主节点来完成的。既然主节点那么重要，如果它突然崩溃（宕机）了，该怎么办呢？

答案是选举出新的领导者（也就是新的主节点）。

在我看来，领导者选举关乎节点故障容错能力和集群可用性，是 ZAB 协议非常核心的设计之一。想象一下，如果没有领导者选举，主节点故障了，那么整个集群将无法写入，这将是极其严重的灾难性故障。

理解领导者选举（也就是快速领导者选举，Fast Leader Election），能帮助我们更深刻地理解 ZAB 协议，也能在日常工作中更游刃有余地处理集群的可用性问题。比如写请求持续失败时，可以先排查下集群的节点状态。

既然领导者选举这么重要，那么 ZAB 协议是如何选举领导者的呢？

6.2.1　ZAB 协议是如何选举领导者的

既然要选举领导者，那就会涉及成员身份变更，那么 ZAB 协议支持哪些成员身份呢？

1. ZAB 协议支持哪些成员身份

ZAB 协议支持 3 种成员身份，即领导者、跟随者、观察者。

❑ 领导者（Leader）：作为主（Primary）节点，在同一时间集群只会有一个领导者。需要注意的是，所有的写请求都必须在领导者节点上执行。

❑ 跟随者（Follower）：作为备份（Backup）节点，集群可以有多个跟随者，它们会响应领导者的心跳消息，并参与领导者选举和提案提交的投票。需要注意的是，跟随者可以直接处理并响应来自客户端的读请求，但对于写请求，则需要将它转发给领导者处理。

❑ 观察者（Observer）：作为备份（Backup）节点，与跟随者类似，但是没有投票权，也就是说，观察者不参与领导者选举和提案提交的投票。你可以对比着 Paxos 中的学习者来理解。

需要注意的是，虽然 ZAB 协议支持 3 种成员身份，但是它定义了 4 种成员状态。

❑ LOOKING：选举状态，该状态下的节点认为当前集群中没有领导者，所以会发起领导者选举。

❑ FOLLOWING：跟随者状态，意味着当前节点是跟随者。

❑ LEADING：领导者状态，意味着当前节点是领导者。

❑ OBSERVING：观察者状态，意味着当前节点是观察者。

为什么多了一种成员状态呢？这是因为 ZAB 协议支持领导者选举，而选举过程涉及一个过渡状态（也就是选举状态）。

现在，你已经了解了成员身份，接下来，我们就来看一下 ZAB 协议中领导者的具体选举过程。

2. 如何选举

为了更好地理解 ZAB 的领导者选举，我仍然用一个例子演示一下。为了方便演示和理解（我们聚焦最核心的领导者 PK），假设投票信息的格式是 <proposedLeader, proposedEpoch, proposedLastZxid, node>，具体如下。

❑ proposedLeader：节点提议的领导者的集群 ID，也就是在集群配置（比如 myid 配置文件）时指定的 ID。

❑ proposedEpoch：节点提议的领导者的任期编号。

❑ proposedLastZxid：节点提议的领导者的事务标识符的最大值（也就是最新提案的事务标识符）。

❑ node：投票的节点，比如节点 B。

假设一个 ZooKeeper 集群由节点 A、B、C 组成，其中节点 A 是领导者，节点 B、C 是跟随者（为了方便演示，假设节点 B、C 的 epoch 分别是 1 和 1，lastZxid 分别是 101 和 102，集群 ID 分别为 2 和 3），如图 6-10 所示。如果节点 A 宕机了，如何选举领导者呢？

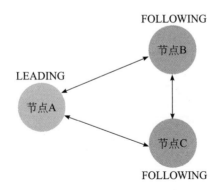

图 6-10　节点 A、B、C 组成的 ZooKeeper 集群

　　首先，当跟随者检测到连接领导者节点的读操作等待超时时，跟随者会将自己的节点状态变更成 LOOKING，然后发起领导者选举（为了演示方便，我们假设这时节点 B、C 都已经检测到了读操作超时），如图 6-11 所示。

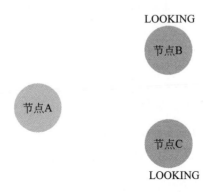

图 6-11　跟随者发起领导者选举

　　接着，每个节点会创建一张选票，这张选票是投给自己的，也就是说，节点 B、C 都 "自告奋勇" 地推荐自己为领导者并创建选票 <2, 1, 101, B> 和 <3, 1, 102, C>，然后各自将选票发送给集群中的所有节点，也就是说，节点 B 发送给节点 B、C，节点 C 也发送给节点 B、C。

　　一般而言，节点会先接收到自己发送给自己的选票（因为不需要跨节点通信，传输速度更快），也就是说，节点 B 会先收到来自节点 B 的选票，节点 C 会先收到来自节点 C 的选票，如图 6-12 所示。

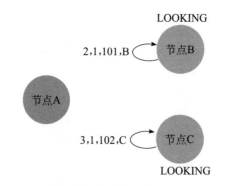

图 6-12　节点先接收到自己发送给自己的选票

需要注意的是，集群的各节点收到选票后，为了选举出数据最完整的节点，对于每一张接收到的选票，节点都需要进行领导者 PK，也就是将选票提议的领导者和自己提议的领导者进行比较，找出更适合作为领导者的节点。约定的规则如下：

- ❑ 优先检查任期编号，任期编号大的节点作为领导者；
- ❑ 如果任期编号相同，则比较事务标识符的最大值，值大的节点作为领导者；
- ❑ 如果事务标识符的最大值也相同，再比较集群 ID，集群 ID 大的节点作为领导者。

如果选票提议的领导者比自己提议的领导者更适合作为领导者，那么节点将调整选票内容，推荐选票提议的领导者作为领导者。

当节点 B、C 接收到选票后，因为选票提议的领导者与自己提议的领导者相同，所以，领导者 PK 的结果是节点 B、C 不需要调整选票信息，只需要正常接收和保存选票就可以了，如图 6-13 所示。

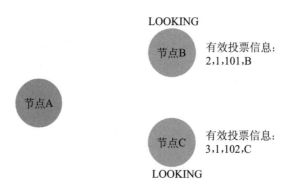

图 6-13　节点 B、C 正常接收和保存选票

接着节点 B、C 分别接收到来自对方的选票，比如节点 B 接收到来自节点 C 的选票，节点 C 接收到来自节点 B 的选票，如图 6-14 所示。

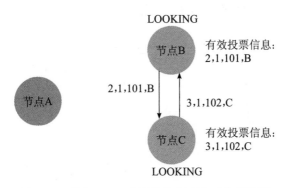

图 6-14　节点 B、C 分别接收到来自对方的选票

对于节点 C 而言，它提议的领导者是节点 C，而选票（<2, 1, 101, B>）提议的领导者是节点 B，因为节点 C 的任期编号与节点 B 相同，但节点 C 的事务标识符的最大值比节点 B 的大，所以，按照约定的规则，相比节点 B，节点 C 更适合作为领导者，也就是说，节点 C 不需要调整选票信息，正常接收和保存选票就可以了。

但对于节点 B 而言，它提议的领导者是节点 B，选票（<3, 1, 102, C>）提议的领导者是节点 C，因为节点 C 的任期编号与节点 B 相同，但节点 C 的事务标识符的最大值比节点 B 的大，所以，按照约定的规则，相比节点 B，节点 C 应该作为领导者，也就是说，节点 B 除了接收和保存选票信息，还会更新自己的选票为 <3, 1, 102, B>，即推荐节点 C 作为领导者，并将选票重新发送给节点 B、C，如图 6-15 所示。

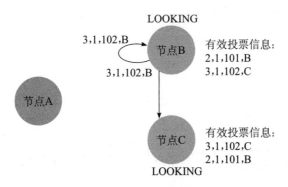

图 6-15　节点 B 重新推荐节点 C 作为领导者

接着，当节点 B、C 接收到来自节点 B 的新的选票时，因为这张选票（<3, 1, 102, B>）提议的领导者，与他们提议的领导者是一样的，都是节点 C，所以，他们正常接收和保存这张选票就可以了，如图 6-16 所示。

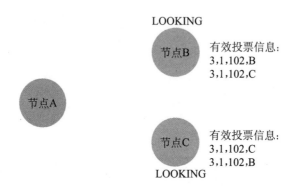

图 6-16　节点 B、C 接收并保存选票

最后，因为此时节点 B、C 提议的领导者（节点 C）赢得了大多数选票（两张选票），所以，节点 B、C 将根据投票结果变更节点状态，并退出选举。比如，因为当选的领导者是节点 C，那么节点 B 将变更状态为 FOLLOWING 并退出选举，而节点 C 将变更状态为 LEADING 并退出选举，如图 6-17 所示。

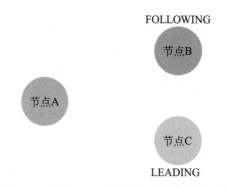

图 6-17　节点 B、C 变更节点状态并结束选举

至此，我们就选举出了新的领导者（节点 C）。这个选举的过程很容易理解，这里只是假设了一种选举的情况，实际上，还会存在节点间事务标识符相同、节点在广播投票信息前接收到其他节点的投票等情况，感兴趣的读者可以自行思考

并实践一下。

为了帮助你在线下更好地阅读代码，我想补充一点，逻辑时钟（logicclock，也就是选举的轮次）会影响选票的有效性。具体来说，逻辑时钟值大的节点不会接收来自逻辑时钟值小的节点的投票信息。比如，节点 A、B 的逻辑时钟分别为 1 和 2，那么，节点 B 将拒绝接收来自节点 A 的投票信息。

需要注意的是，领导者选举的目标是从大多数节点中选举出数据最完整的节点，也就是从大多数节点中选出事务标识符值最大的节点。**另外，ZAB 协议的本质上是通过"见贤思齐，相互推荐"的方式来选举领导者的**。也就说，根据领导者 PK，节点会重新推荐更合适的领导者，最终选举出大多数节点中数据最完整的节点。

当然，文字和代码是两种不同的表达方式，一些细节仅仅通过文字是无法表达出来的，所以，为了更通透地理解领导者选举的实现过程，接下来，我将以最新的稳定版的 ZooKeeper 为例（也就是 3.6.0），具体说一说代码的实现过程。

6.2.2　ZooKeeper 是如何选举领导者的

首先我们来看看 ZooKeeper 是如何实现成员身份的？

在 ZooKeeper 中，成员状态是在 QuorumPeer.java 中实现的，为枚举型变量，如代码清单 6-4 所示。

代码清单 6-4　成员状态

```
public enum ServerState {
    LOOKING,
    FOLLOWING,
    LEADING,
    OBSERVING
}
```

其实，ZooKeeper 没有直接定义成员身份，而是用了对应的成员状态来表示，比如，处于 FOLLOWING 状态的节点为跟随者。

这里我想补充一点，如果你想研究相关成员的功能和实现，那么可以把对应的成员状态作为切入点来研究。比如，你想研究领导者的功能实现，可以在代码中搜索 LEADING 关键字，然后研究相应的上下文逻辑，进而得到自己想要的答案。

如果跟随者将自己的状态从跟随者状态变更为选举状态，就表示跟随者在发起领导者选举，那么，在 ZooKeeper 中，领导者选举是如何实现的呢？

领导者选举是在 FastLeaderElection.lookForLeader() 中实现的。其核心实现流程如图 6-18 所示。

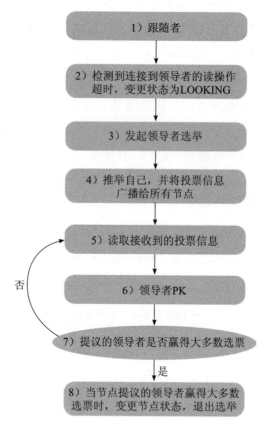

图 6-18 领导者选举的核心实现流程

为更好地理解这个流程，我们来一起走读下核心代码。

1）在集群稳定运行时，处于跟随者状态的节点会调用 Follower.followLeader() 函数周期性地读数据包和处理数据包，如代码清单 6-5 所示。

代码清单 6-5　跟随者周期性地读数据包和处理数据包

```
QuorumPacket qp = new QuorumPacket();
while (this.isRunning()) {
    // 读取数据包
    readPacket(qp);
    // 处理数据包
    processPacket(qp);
}
```

2）当跟随者检测到连接到领导者的读操作超时时（比如领导者节点故障了），它会抛出异常（Exception），跳出上面的读取数据包和处理数据包的循环，并将节点状态变更为选举状态，如代码清单 6-6 所示。

代码清单 6-6　跟随者检测到领导者异常时，将变更状态为选举状态

```
public void run() {
    case FOLLOWING:
        ......
        finally {
            // 关闭跟随者节点
            follower.shutdown();
            setFollower(null);
            // 设置状态为选举状态
            updateServerState();
        }
        break;
    ......
}
```

3）当节点处于选举状态时，它将调用 makeLEStrategy().lookForLeader() 函数（实际对应的函数为 FastLeaderElection.lookForLeader()）发起领导者选举，如代码清单 6-7 所示。

代码清单 6-7　发起领导者选举

```
setCurrentVote(makeLEStrategy().lookForLeader());
```

4）在 FastLeaderElection.lookForLeader() 函数中，节点需要对逻辑时钟（也就是选举的轮次）的值执行加 1 操作，表示开启一轮新的领导者选举，然后创建投票提案（默认推荐自己为领导者）并通知所有节点，如代码清单 6-8 所示。

代码清单 6-8 发起投票并通知所有节点

```
synchronized (this) {
    // 对逻辑时钟的值执行加一操作
    logicalclock.incrementAndGet();
    // 创建投票提案，并默认推荐自己为领导者
    updateProposal(getInitId(),getInitLastLoggedZxid(),
        getPeerEpoch());
}
// 广播投票信息给所有节点
sendNotifications();
```

5）当节点处于选举状态时，它会周期性地从队列中读取接收到的投票信息，直到选举成功，如代码清单 6-9 所示。

代码清单 6-9 选举状态的节点周期性地读取接收到的投票信息

```
while ((self.getPeerState() == ServerState.LOOKING) && (!stop)) {
    // 从队列中读取接收到的投票信息
    Notification n = recvqueue.poll(notTimeout,TimeUnit.MILLISECONDS);
    ......
}
```

6）当接收到新的投票信息时，节点会进行领导者 PK，来判断谁更适合当领导者。如果投票信息中提议的节点比自己提议的节点更适合作为领导者，则该节点会更新投票信息，推荐投票信息中提议的节点作为领导者，并广播给所有节点，如代码清单 6-10 所示。

代码清单 6-10 更新投票信息并将投票信息广播给所有节点

```
else if (totalOrderPredicate(n.leader,n.zxid,n.peerEpoch,proposedLeader,
proposedZxid,proposedEpoch)) {
    // 如果投票信息中提议的节点比自己提议的节点更适合作为领导者，则更新投票信息，
    // 并推荐投票信息中提议的节点
    updateProposal(n.leader,n.zxid,n.peerEpoch);
    // 将新的投票信息广播给所有节点
    sendNotifications();
}
```

7）如果自己提议的领导者赢得大多数选票，则执行步骤 8，变更节点状态，退

出选举；如果自己提议的领导者仍未赢得大多数选票，则执行步骤 5，继续从接收队列中读取新的投票信息。

8）最后，当节点提议的领导者赢得大多数选票时，则节点会根据投票结果，判断并变更节点状态（如变更为领导者或跟随者），然后退出选举，如代码清单 6-11 所示。

代码清单 6-11　根据投票结果变更节点状态并退出选举

```
if (voteSet.hasAllQuorums()) {
    ......
        // 根据投票结果，判断并设置节点状态
        setPeerState(proposedLeader,voteSet);
        // 退出领导者选举
        Vote endVote = new Vote(proposedLeader,proposedZxid,logicalcl
ock.get(),proposedEpoch);
        leaveInstance(endVote);
        return endVote;
    ......
}
```

需要注意的是，这里只是演示了一种选举情况，还有更多情况需要你自行实践，比如接收到来自逻辑时钟的值比当前节点的值小的节点的投票信息，再比如接收到来自领导者的投票信息。遇到问题时，欢迎留言，咱们一起讨论。

6.3　如何从故障中恢复

在 6.2 节，我们提到了 ZAB 协议的领导者选举，在我看来，它只是选举了一个适合当领导者的节点，然后把这个节点的状态设置成 LEADING 状态。此时，这个节点还不能作为主节点处理写请求，也不能使用领导职能（比如，它没办法阻止其他"领导者"广播提案）。也就是说，集群还没有从故障中恢复过来，而成员发现和数据同步会解决这个问题。

总的来说，成员发现和数据同步不仅让新领导者正式成为领导者，确立了它的领导关系，还解决了各副本数据冲突的问题，实现了数据副本的一致性，使集群能够正常处理写请求。这里需要注意的是：

- 确立领导关系是指在成员发现（DISCOVERY）阶段，领导者和大多数跟随者建立连接，并再次确认各节点对自己当选领导者没有异议，从而确立自己的领导关系；
- 处理冲突数据是指在数据同步（SYNCHRONIZATION）阶段，领导者以自己的数据为准，解决各节点数据副本不一致的问题。

理解这两点，有助于更好地理解 ZooKeeper 如何恢复故障，以及当主节点崩溃时，哪些数据会丢失、哪些数据不会丢失的原因等。换句话说，通过理解上述内容，我们能更加深刻地理解 ZooKeeper 的节点故障容错能力。

说了这么多，集群具体是如何从故障中恢复过来的呢？

6.3.1　ZAB 集群如何从故障中恢复

如果我们想把 ZAB 集群恢复到正常状态，那么新领导者就必须确立自己的领导关系，成为唯一有效的领导者，然后作为主节点"领导"各备份节点一起处理读写请求。

1. 如何确立领导关系

前文提到，选举出的领导者是在成员发现阶段确立领导关系的。领导者在当选后会递增自己的任期编号，并基于任期编号值的大小来与跟随者协商，最终建立领导关系。**具体来说，跟随者会选择任期编号值最大的节点作为自己的领导者，而被大多数节点认同的领导者将成为真正的领导者。**

下面用一个例子来帮助你更好地理解。

假设一个 ZooKeeper 集群由节点 A、B、C 组成。其中，领导者 A 已经宕机，节点 C 是新选出来的领导者，节点 B 是新的跟随者（为了方便演示，假设节点 B、C 已提交提案的事务标识符的最大值分别是 <1, 10> 和 <1, 11>，其中 1 是任期编号，10、11 是事务标识符中的计数器值，节点 A 宕机前的任期编号也是 1），如图 6-19 所示。那么节点 B、C 如何协商建立领导关系呢？

首先，节点 B、C 会把自己的 ZAB 状态设置为成员发现（DISCOVERY），这就表明，选举（ELECTION）阶段结束了，进入了下一个阶段，如图 6-20 所示。

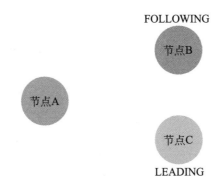

图 6-19　节点 A、B、C 组成的 ZooKeeper 集群

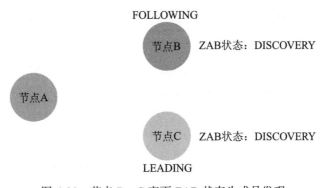

图 6-20　节点 B、C 变更 ZAB 状态为成员发现

这里我想补充一下，ZAB 协议定义了 4 种状态来标识节点的运行状态。

❑ ELECTION（选举）状态：表明节点在进行领导者选举。

❑ DISCOVERY（成员发现）状态：表明节点在协商沟通领导者的合法性。

❑ SYNCHRONIZATION（数据同步）状态：表明集群的各节点以领导者的数据
为准，修复数据副本的一致性。

❑ BROADCAST（广播）状态：表明集群各节点在正常处理写请求。

关于这 4 种状态，我们简单了解即可。这里强调一点，**只有当集群大多数节点
处于广播状态的时候，集群才能提交提案。**

接下来，节点 B 会主动向节点 C 发送包含自己接收到的领导者任期编号的最大
值（也就是前领导者 A 的任期编号，1）的 FOLLOWINFO 消息，如图 6-21 所示。

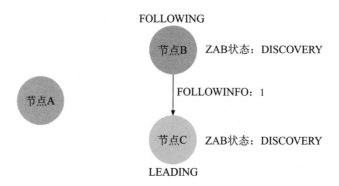

图 6-21　节点 B、C 变更 ZAB 状态为成员发现

节点 C 在接收来自节点 B 的信息后，会将包含自己的事务标识符的最大值的 LEADINFO 消息发送给跟随者。

需要注意的是，领导者进入成员发现阶段后会对任期编号加 1，即创建新的任期编号，然后基于新任期编号创建新的事务标识符（也就是 <2, 0>），如图 6-22 所示。

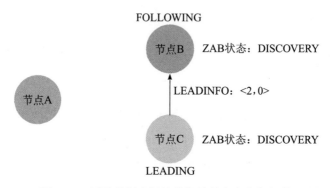

图 6-22　领导者创建新的任期编号和事务标识符

当接收到领导者的响应后，跟随者会判断领导者的任期编号是否最新，如果不是，就发起新的选举；如果是，则返回 ACKEPOCH 消息给领导者。在这里，节点 C 的任期编号（也就是 2）大于节点 B 接收到的其他领导任期编号（也就是旧领导者 A 的任期编号，1），所以节点 B 返回确认响应给节点 C，并设置 ZAB 状态为数据同步状态，如图 6-23 所示。

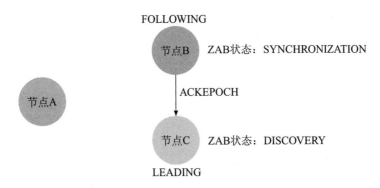

图 6-23　节点 B 返回确认响应给节点 C 并设置 ZAB 状态为数据同步状态

最后，领导者在接收到来自大多数节点的 ACKEPOCH 消息时，会设置 ZAB 状态为数据同步。在这里，节点 C 接收到了节点 B 和节点 C 自己发送的消息，满足大多数节点的要求，所以，在接收到来自 B 的消息后，C 设置 ZAB 状态为数据同步状态，如图 6-24 所示。

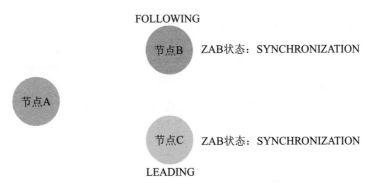

图 6-24　节点 C 设置 ZAB 状态为数据同步状态

现在，ZAB 协议在成员发现阶段确立了领导者的领导关系，这样领导者就可以行使领导职能了。下一步，ZAB 协议要解决的就是数据冲突问题，以实现各节点数据的一致性，那么它是怎么做的呢？

2. 如何处理冲突数据

当进入数据同步状态后，领导者会根据跟随者的事务标识符的最大值，判断以哪种方式处理不一致数据（有 DIFF、TRUNC、SNAP 3 种方式，后面我会具体介绍）。

因为节点 C 已提交提案的事务标识符的最大值（也就是 <1, 11>）大于节点 B 已提交提案的事务标识符的最大值（也就是 <1, 10>），所以节点 C 会用 DIFF 的方式修复数据副本的不一致，并返回差异数据（也就是事务标识符为 <1, 11> 的提案）和 NEWLEADER 消息给节点 B，如图 6-25 所示。

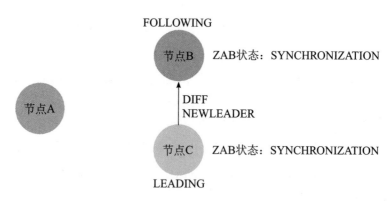

图 6-25　节点 C 返回差异数据和 NEWLEADER 消息给节点 B

这里强调一点：节点 B 已提交提案的最大值，也是节点 B 最新提案的最大值。因为在 ZooKeeper 实现中，节点退出跟随者状态时（也就是在进入选举前），所有未提交的提案都会被提交。这是 ZooKeeper 的设计，大家简单了解即可。

然后，节点 B 修复不一致数据，返回 NEWLEADER 消息的确认响应给领导者（即节点 C），如图 6-26 所示。

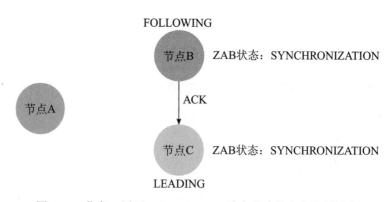

图 6-26　节点 B 返回 NEWLEADER 消息的确认响应给领导者

接着，节点 C 在接收到来自大多数节点的 NEWLEADER 消息的确认响应后会将 ZAB 状态设置为广播状态。在这里，节点 C 接收到节点 B 和节点 C 自己的确认响应，满足大多数确认的要求。所以，在接收到来自节点 B 的确认响应后，节点 C 会将自己的 ZAB 状态设置为广播状态，并发送 UPTODATE 消息给所有跟随者，通知它们数据同步已经完成了，如图 6-27 所示。

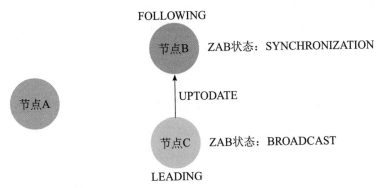

图 6-27　节点 C 设置 ZAB 状态为广播状态并发送 UPTODATE 消息给所有跟随者

最后当节点 B 接收到 UPTODATE 消息时，它就知道数据同步已经完成，并设置 ZAB 状态为广播状态，如图 6-28 所示。

图 6-28　节点 B 设置 ZAB 状态为广播状态

🔊 注意

　　在 ZooKeeper 的代码实现中，处于提交状态的提案是可能会改变的，为什么呢？

在 ZooKeeper 中，一个提案进入提交状态的方式有两种：被复制到大多数节点上和被领导者提交或接收到来自领导者的提交消息（leader.COMMIT）而被提交。在这种状态下，提交的提案是不会改变的。

另外，在 ZooKeeper 的设计中，节点在退出跟随者状态时（在 follower.shutdown() 函数中）会将所有本地未提交的提案都提交。需要注意的是，此时提交的提案可能并未被复制到大多数节点上，而且这种设计会导致 ZooKeeper 中出现处于"提交"状态的提案可能会被删除（也就是接收到领导者的 TRUNC 消息而删除的提案）的情况。

更准确地说，**在 ZooKeeper 中，被复制到大多数节点上的提案最终会被提交，并不会再改变；而只在少数节点存在的提案可能会被提交和不再改变，也可能会被删除。**为了更好地理解，我来举个具体的例子。

如果写请求对应的提案"SET X =1"已经复制到大多数节点上，那么它最终会被提交，之后也不会再改变。也就是说，在没有新的 X 赋值操作的前提下，不管节点怎么崩溃、领导者如何变更，你查询到的 X 的值都为 1。

如果写请求对应的提案"SET X =1"未被复制到大多数节点上，比如在领导者广播消息过程中，领导者崩溃了，那么，提案"SET X =1"可能会被复制到大多数节点上提交并不再改变，也可能会被删除。这个行为是未确定的，具体取决于新的领导者是否包含该提案。

另外，我想补充下，在 ZAB 协议选举出了新的领导者后，该领导者不能立即处理写请求，还需要通过成员发现、数据同步两个阶段进行故障恢复。这是由 ZAB 协议的设计决定的，不是所有的共识算法都必须这样，比如通过 Raft 算法选举出新的领导者后，领导者是可以立即处理写请求的。

此时，集群就可以正常处理写请求了。接下来，我们看一看 ZooKeeper 到底是如何恢复故障的。

6.3.2　ZooKeeper 如何从故障中恢复

下面介绍 ZooKeeper 从故障中恢复的两种方法，具体如下。

1. 成员发现

成员发现是通过跟随者和领导者交互来完成的，**目标是确保大多数节点对领导者的领导关系没有异议，也就是确立领导者的领导地位。**

成员发现的实现流程如图 6-29 所示。

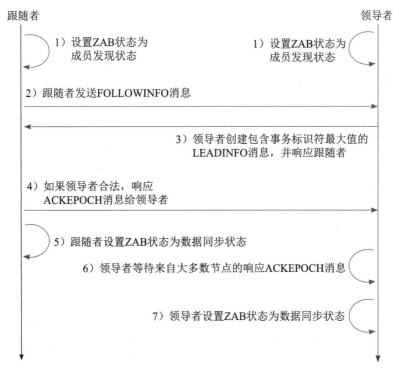

图 6-29　成员发现的实现流程

1）领导者选举结束，节点进入跟随者状态或者领导者状态后，会分别设置 ZAB 状态为成员发现状态，具体如下。

❑ 跟随者会调用 Follower.followLeader() 函数，设置 ZAB 状态为成员发现状态，如代码清单 6-12 所示。

代码清单 6-12　跟随者设置 ZAB 状态为成员发现状态

```
self.setZabState(QuorumPeer.ZabState.DISCOVERY);
```

❑ 领导者会调用 Leader.lead() 函数,并设置 ZAB 状态为成员发现状态,如代码
清单 6-13 所示。

代码清单 6-13　领导者设置 ZAB 状态为成员发现状态

```
self.setZabState(QuorumPeer.ZabState.DISCOVERY);
```

2)跟随者会主动联系领导者,发送自己已接收的领导者任期编号的最大值(也
就是 acceptedEpoch)的 FOLLOWINFO 消息给领导者,如代码清单 6-14 所示。

代码清单 6-14　跟随者发送 FOLLOWINFO 消息给领导者

```
// 跟领导者建立网络连接
connectToLeader(leaderServer.addr,leaderServer.hostname);
connectionTime = System.currentTimeMillis();
// 向领导者报道,并获取领导者的事务标识符最大值
long newEpochZxid = registerWithLeader(Leader.FOLLOWERINFO);
```

3)在接收到来自跟随者的 FOLLOWINFO 消息后,在 LearnerHandler.run() 函数
中,领导者将创建包含自己的事务标识符最大值的 LEADINFO 消息,并响应给跟随
者,如代码清单 6-15 所示。

代码清单 6-15　领导者响应 LEADINFO 消息给跟随者

```
// 创建 LEADINFO 消息
QuorumPacket newEpochPacket = new
QuorumPacket(Leader.LEADERINFO,newLeaderZxid,ver,null);
// 发送 LEADINFO 消息给跟随者
oa.writeRecord(newEpochPacket,"packet");
```

4)在接收到来自领导者的 LEADINFO 消息后,跟随者会基于领导者的任期编
号判断领导者是否合法,如果领导者不合法,则发起新的选举,如果领导者合法,
则响应 ACKEPOCH 消息给领导者,如代码清单 6-16 所示。

代码清单 6-16　跟随者响应 ACKEPOCH 消息给领导者

```
// 创建 ACKEPOCH 消息,包含已提交提案的事务标识符最大值
QuorumPacket ackNewEpoch = new QuorumPacket(Leader.ACKEPOCH,lastLogge
```

```
dZxid,epochBytes,null);
// 响应 ACKEPOCH 消息给领导者
writePacket(ackNewEpoch,true);
```

5）跟随者设置 ZAB 状态为数据同步状态，如代码清单 6-17 所示。

代码清单 6-17　跟随者设置 ZAB 状态为数据同步状态

```
self.setZabState(QuorumPeer.ZabState.SYNCHRONIZATION);
```

6）在 LearnerHandler.run() 函数中（以及 Leader.lead() 函数），领导者会调用 waitForEpochAck() 函数来阻塞和等待来自大多数节点的 ACKEPOCH 消息，如代码清单 6-18 所示。

代码清单 6-18　领导者等待和接收大多数节点的 ACKEPOCH 消息

```
ss = new StateSummary(bbepoch.getInt(),ackEpochPacket.getZxid());
learnerMaster.waitForEpochAck(this.getSid(),ss);
```

7）在接收到来自大多数节点的 ACKEPOCH 消息后，在 Leader.lead() 函数中，领导者设置 ZAB 状态为数据同步状态。

代码清单 6-19　领导者设置 ZAB 状态为数据同步状态

```
self.setZabState(QuorumPeer.ZabState.SYNCHRONIZATION);
```

这样，ZooKeeper 就实现了成员发现，且各节点就领导者的领导关系达成了共识。

当跟随者和领导者设置 ZAB 状态为数据同步状态后，它们就进入了数据同步阶段。那么 ZooKeeper 中的数据同步是如何实现的呢？

2. 数据同步

数据同步也是通过跟随者和领导者交互来完成的，**目标是确保跟随者节点上的数据与领导者节点上的数据一致**。数据同步的实现流程如图 6-30 所示。

1）在 LearnerHandler.run() 函数中，领导者调用 syncFollower() 函数，根据跟随者的事务标识符的最大值判断用哪种方式处理不一致数据，并把已提交提案和未提交提案都同步给跟随者，如代码清单 6-20 所示。

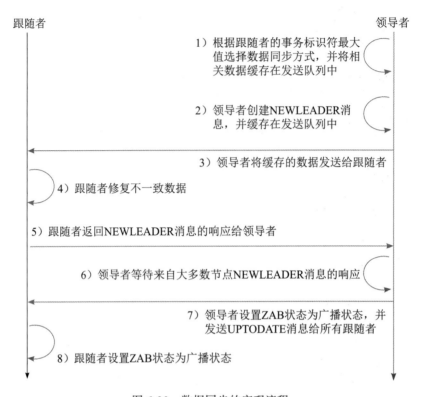

图 6-30　数据同步的实现流程

代码清单 6-20　领导者调用 syncFollower() 函数处理不一致数据

```
peerLastZxid = ss.getLastZxid();
boolean needSnap = syncFollower(peerLastZxid,learnerMaster);
```

在这里，你需要了解领导者向跟随者同步数据的 3 种方式（TRUNC、DIFF、SNAP），它们分别代表什么含义呢？要想了解这部分内容，你首先要了解一下 syncFollower() 中 3 个关键变量的含义。

❑ peerLastZxid：跟随者节点上提案的事务标识符的最大值。

❑ maxCommittedLog、minCommittedLog：领导者节点内存队列中已提交提案的事务标识符的最大值和最小值。需要注意的是，maxCommittedLog、minCommittedLog 与 ZooKeeper 的设计有关。在 ZooKeeper 中，为了更高效地将提案复制到跟随者，领导者会将一定数量（默认值为 500）的已提交提案放在内存队列里，而 maxCommittedLog、minCommittedLog 分别标识的是内存队列中已提交提案的事务标识符最大值和最小值。

说完 3 个关键变量，我再来说说 3 种同步方式。

- ❏ TRUNC：当 peerLastZxid 大于 maxCommittedLog 时，领导者会通知跟随者丢弃超出的那部分提案。比如，如果跟随者的 peerLastZxid 为 11，领导者的 maxCommittedLog 为 10，那么领导者将通知跟随者丢弃事务标识符值为 11 的提案。

- ❏ DIFF：当 peerLastZxid 小于 maxCommittedLog 但大于 minCommittedLog 时，领导者会向跟随者同步缺失的已提交的提案，比如，如果跟随者的 peerLastZxid 为 9，领导者的 maxCommittedLog 为 10，minCommittedLog 为 9，那么领导者将同步事务标识符值为 10 的提案给跟随者。

- ❏ SNAP：当 peerLastZxid 小于 minCommittedLog 时，也就是说，跟随者缺失的提案比较多，那么，领导者会同步快照数据给跟随者，并直接覆盖跟随者本地的数据。

在这里，我想补充一下，领导者先就已提交提案和跟随者达成一致，然后调用 learnerMaster.startForwarding() 将未提交提案（如果有的话）也缓存在发送队列（queuedPackets），并最终复制给跟随者。也就是说，**领导者是以自己的数据为准，实现各节点数据副本的一致的。**

需要注意的是，在 syncFolower() 中，领导者只是将需要发送的差异数据缓存在发送队列，还没有实际发送。

2）在 LearnerHandler.run() 函数中，领导者创建 NEWLEADER 消息并缓存在发送队列中，如代码清单 6-21 所示。

代码清单 6-21　领导者创建并缓存 NEWLEADER 消息

```
// 创建 NEWLEADER 消息
QuorumPacket newLeaderQP = new QuorumPacket(Leader.NEWLEADER,newLeade
rZxid,learnerMaster.getQuorumVerifierBytes(),null);
// 缓存 NEWLEADER 消息到发送队列中
queuedPackets.add(newLeaderQP);
```

3）在 LearnerHandler.run() 函数中，领导者调用 startSendingPackets() 函数启动一个新线程，并将缓存的数据发送给跟随者，如代码清单 6-22 所示。

代码清单 6-22　领导者将缓存数据发送给跟随者

```
// 发送缓存队列中的数据
startSendingPackets();
```

4）跟随者调用 syncWithLeader() 函数，处理来自领导者的数据同步，如代码清单 6-23 所示。

代码清单 6-23　跟随者处理来自领导者的数据同步

```
// 处理数据同步
syncWithLeader(newEpochZxid);
```

5）在 syncWithLeader() 函数中，跟随者在接收到来自领导者的 NEWLEADER 消息后，返回确认响应给领导者，如代码清单 6-24 所示。

代码清单 6-24　跟随者返回确认响应给领导者

```
writePacket(new QuorumPacket(Leader.ACK,newLeaderZxid,null,null),
true);
```

6）在 LearnerHandler.run() 函数（以及 Leader.lead() 函数）中，领导者等待来自大多数节点的 NEWLEADER 消息的响应，如代码清单 6-25 所示。

代码清单 6-25　领导者等待大多数节点的响应

```
learnerMaster.waitForNewLeaderAck(getSid(),qp.getZxid());
```

7）当接收到来自大多数节点的 NEWLEADER 消息的响应时，在 Leader.lead() 函数中，领导者设置 ZAB 状态为广播状态，如代码清单 6-26 所示。

代码清单 6-26　领导者设置 ZAB 状态为广播状态

```
self.setZabState(QuorumPeer.ZabState.BROADCAST);
```

同时，在 LearnerHandler.run() 中发送 UPTODATE 消息给所有跟随者，通知它们数据同步已经完成了，如代码清单 6-27 所示。

代码清单 6-27　领导者发送 UPTODATE 消息给所有跟随者

```
queuedPackets.add(new QuorumPacket(Leader.UPTODATE,-1,null,null));
```

8）跟随者在接收到 UPTODATE 消息后会知道数据不一致已修复，可以处理写请求了，同时设置 ZAB 状态为广播状态。

代码清单 6-28　跟随者设置 ZAB 状态为广播状态

```
// 数据同步完成后，跟随者就可以正常处理来自领导者的广播消息了，同时设置 Z A B 状态为广
// 播状态
self.setZabState(QuorumPeer.ZabState.BROADCAST);
```

至此，我们使用 ZooKeeper 实现了各节点数据的一致，接下来，我们就可以领导者为主，向其他节点广播消息了。

6.4　ZAB 协议：如何处理读写请求

你应该有这样的体会，如果你想了解一个网络服务，执行的第一个功能肯定是写操作，然后才会执行读操作。比如，你要了解 ZooKeeper，那么肯定会在 zkCli. sh 命令行中执行写操作（比如 create /geekbang 123）写入数据，然后再执行读操作（比如 get /geekbang）查询数据。这样一来，你才会直观地理解 ZooKeeper 的使用方法。

在我看来，任何网络服务最重要的功能就是处理读写请求，因为我们访问网络服务的本质就是执行读写操作，ZooKeeper 也不例外。**对 ZooKeeper 而言，这些功能更重要，因为如何处理写请求关乎着操作的顺序性，会影响节点的创建；而如何处理读请求关乎着一致性，也影响着客户端是否会读到旧数据。**

接下来，我会从 ZooKeeper 系统的角度全面地分析整个读写请求的流程，帮助你更加全面、透彻地理解读写请求背后的原理。

我们都知道，在 ZooKeeper 中，写请求必须在领导者上处理，如果跟随者接收到写请求，则需要将写请求转发给领导者，当写请求对应的提案被复制到大多数节点上时，领导者会提交提案，并通知跟随者提交提案。而读请求可以在任何节点上处理，也就是说，ZooKeeper 实现的是最终一致性。

所以，理解了如何处理读写请求，不仅能理解读写这个最重要功能的核心原理，还能更好地理解 ZooKeeper 的性能和一致性。这样你在实际场景中安装部署 ZooKeeper 的时候，就能游刃有余地做资源规划了。比如，如果读请求比较多，可以增加节点，如配置 5 节点集群，而不是常见的 3 节点集群。

下面，我们来一起探究 ZooKeeper 处理读写请求的原理和代码实现。

6.4.1 ZooKeeper 处理读写请求的原理

其实，我在 6.1.2 节演示"如何实现操作顺序性"时就已经介绍了 ZooKeeper 处理读写请求的原理，所以这里不再赘述，只在之前的基础上补充几点。

首先，在 ZooKeeper 中，与领导者"失联"的节点是不能处理读写请求的。比如，如果一个跟随者与领导者的连接发生了读超时，那么它会将自己的状态设置为 LOOKING，那么此时它既不能转发写请求给领导者处理，也不能处理读请求，只有当它"找到"领导者后，才能处理读写请求。

举个例子：某集群发生分区故障，节点 C 与节点 A（领导者）、节点 B 断联，那么节点 C 将设置自己的状态为 LOOKING，此时节点 C 既不能执行读操作，也不能执行写操作，如图 6-31 所示。

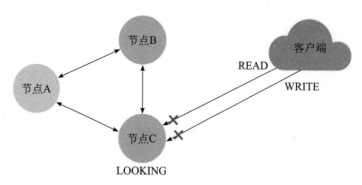

图 6-31　A、B、C 3 节点集群发生了分区故障

其次，当大多数节点进入广播阶段后，领导者才能提交提案，因为提案提交需要来自大多数节点的确认。

最后，写请求只能在领导者节点上处理，所以 ZooKeeper 集群写性能约等于单机。而读请求可以在所有的节点上处理，所以，读性能是水平扩展的。也就是说，你可以通过分集群的方式来突破写性能的限制，并通过增加更多节点来扩展集群的读性能。

熟悉了 ZooKeeper 处理读写请求的过程和原理后，我们再来看具体的代码实现。

6.4.2　ZooKeeper 处理读写请求的代码实现

ZooKeeper 处理读写请求的具体流程分析如下。

1. 如何实现写操作

在 ZooKeeper 代码中，处理写请求的核心流程如图 6-32 所示。这里我用跟随者接收到写请求的情况演示一下。

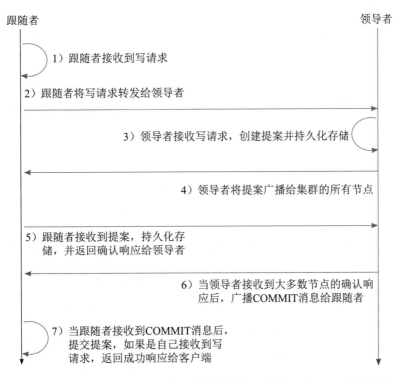

图 6-32　处理写请求的核心流程

1）跟随者在 FollowerRequestProcessor.processRequest() 中接收到写请求。具体来说，写请求是系统在 ZooKeeperServer.submitRequestNow() 中发给跟随者的，如代码清单 6-29 所示。

代码清单 6-29　跟随者接收写请求

```
firstProcessor.processRequest(si);
```

而 firstProcessor 是在 FollowerZooKeeperServer.setupRequestProcessors() 中创建的，如代码清单 6-30 所示。

代码清单 6-30　创建 firstProcessor

```
protected void setupRequestProcessors() {
    // 创建 finalProcessor，提交提案或响应查询
    RequestProcessor finalProcessor = new FinalRequestProcessor
    (this);
    // 创建 commitProcessor，处理提案提交或读请求
    commitProcessor = new CommitProcessor(finalProcessor, Long.toStri
    ng(getServerId()),true,getZooKeeperServerListener());
    commitProcessor.start();
    // 创建 firstProcessor，接收发给跟随者的请求
    firstProcessor = new FollowerRequestProcessor(this,commitProcessor);
    ((FollowerRequestProcessor) firstProcessor).start();
    // 创建 syncProcessor，将提案持久化存储，并返回确认响应给领导者
    syncProcessor = new SyncRequestProcessor(this,new SendAckRequestP
    rocessor(getFollower()));
    syncProcessor.start();
}
```

需要注意的是，跟随者节点和领导者节点的 firstProcessor 是不同的，这样 firstProcessor 在 ZooKeeperServer.submitRequestNow() 中被调用时，就分别进入了跟随者和领导者的代码流程。另外，setupRequestProcessors() 创建了两条处理链，如图 6-33 所示。

其中，处理链 1 是核心处理链，最终实现提案提交和读请求对应的数据响应。处理链 2 实现提案持久化存储，并返回确认响应给领导者。

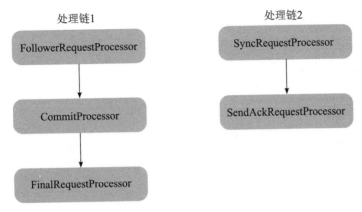

图 6-33　创建两条处理链

2）跟随者在 FollowerRequestProcessor.run() 中将写请求转发给领导者，如代码清单 6-31 所示。

代码清单 6-31　跟随者转发写请求给领导者

```
// 调用 learner.request() 将请求发送给领导者
zks.getFollower().request(request);
```

3）领导者在 LeaderRequestProcessor.processRequest() 中接收写请求，并最终调用 pRequest() 创建事务（也就是提案）并持久化存储，如代码清单 6-32 所示。

代码清单 6-32　领导者接收并处理写请求

```
// 创建事务
pRequest2Txn(request.type,zks.getNextZxid(),request,create2Request,true);
......
// 分配事务标识符
request.zxid = zks.getZxid();
// 调用 ProposalRequestProcessor.processRequest() 处理写请求，并将事务持久化
// 存储
nextProcessor.processRequest(request);
```

需要注意的是，写请求也是在 ZooKeeperServer.submitRequestNow() 中发给领导者的，如代码清单 6-33 所示。

代码清单 6-33　发送写请求给领导者

```
firstProcessor.processRequest(si);
```

而 firstProcessor 是 在 LeaderZooKeeperServer.setupRequestProcessors() 中 创 建 的，如代码清单 6-34 所示。

代码清单 6-34　创建 firstProcessor

```
protected void setupRequestProcessors() {
    // 创建 finalProcessor，最终提交提案和响应查询
    RequestProcessor finalProcessor = new FinalRequestProcessor
    (this);
    // 创建 toBeAppliedProcessor，存储可提交的提案，并在提交提案后从 toBeApplied
    // 队列移除已提交的提案
    RequestProcessor toBeAppliedProcessor = new Leader.ToBeAppliedReq
    uestProcessor(finalProcessor,getLeader());
    // 创建 commitProcessor，处理提案提交或读请求
    commitProcessor = new CommitProcessor(toBeAppliedProcessor,Long.
    toString(getServerId()),false,getZooKeeperServerListener());
    commitProcessor.start();
    // 创建 proposalProcessor，按照顺序广播提案给跟随者
    ProposalRequestProcessor proposalProcessor = new ProposalRequestP
    rocessor(this,commitProcessor);
        proposalProcessor.initialize();
    // 创建 prepRequestProcessor，根据请求创建提案
    prepRequestProcessor = new PrepRequestProcessor(this,proposalProc
    essor);
    prepRequestProcessor.start();
    // 创建 firstProcessor，接收发给领导者的请求
    firstProcessor = new LeaderRequestProcessor(this,prepRequestProces
    sor);
    ......
}
```

需要注意的是，与跟随者类似，setupRequestProcessors() 也为领导者创建了两条处理链（其中处理链 2 是在创建 proposalRequestProcessor 时创建的），如图 6-34 所示。

其中，处理链 1 是核心处理链，最终实现写请求处理（创建提案、广播提案、提交提案）和读请求对应的数据响应。处理链 2 实现提案持久化存储，并返回确认

响应给领导者自己。

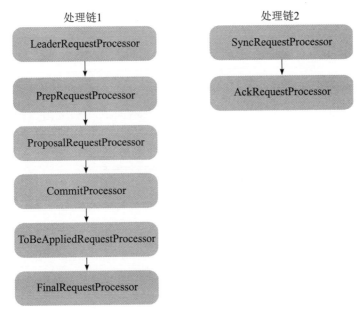

图 6-34　创建两条处理链

4）领导者在 ProposalRequestProcessor.processRequest() 中调用 propose() 将提案广播给集群所有节点，如代码清单 6-35 所示。

代码清单 6-35　领导者广播提案给集群所有节点

```
zks.getLeader().propose(request);
```

5）跟随者在 Follower.processPacket() 中接收到提案，持久化存储，并返回确认响应给领导者，如代码清单 6-36 所示。

代码清单 6-36　跟随者接收提案并返回确认响应给领导者

```
// 接收、持久化、返回确认响应给领导者
fzk.logRequest(hdr,txn,digest);
```

6）领导者在接收到大多数节点的确认响应（Leader.processAck()）后，最终在 CommitProcessor.tryToCommit() 提交提案，并广播 COMMIT 消息给跟随者，如代码清单 6-37 所示。

代码清单 6-37　领导者提交提案并广播 COMMIT 消息给跟随者

```
// 通知跟随者提交
commit(zxid);
// 自己提交
zk.commitProcessor.commit(p.request);
```

7）跟随者接收到 COMMIT 消息后，在 FollowerZooKeeperServer.commit() 中提交提案，如果最初的写请求是自己接收到的，则返回成功响应给客户端，如代码清单 6-38 所示。

代码清单 6-38　跟随者提交提案

```
// 必须顺序提交
long firstElementZxid = pendingTxns.element().zxid;
if (firstElementZxid != zxid) {
    LOG.error("Committing zxid 0x" + Long.toHexString(zxid)
        + " but next pending txn 0x" +
        Long.toHexString(firstElementZxid));
    ServiceUtils.requestSystemExit(ExitCode.UNMATCHED_TXN_COMMIT.
    getValue());
}
// 将准备提交的提案从 pendingTxns 队列移除
Request request = pendingTxns.remove();
request.logLatency(ServerMetrics.getMetrics().COMMIT_PROPAGATION_
LATENCY);
// 最终调用 FinalRequestProcessor.processRequest() 提交提案，如果最初的写请求
// 是自己接收到的，则返回成功响应给客户端
commitProcessor.commit(request);
```

这样，ZooKeeper 就完成了写请求的处理。需要特别注意的是，在分布式系统中，消息或者核心信息的持久化存储很关键，也很重要，因为这是保证集群稳定运行的关键。

当然，数据写入最终还是为了后续的数据读取，那么 ZooKeeper 是如何实现读操作的呢？

2. 如何实现读操作

相比写操作，读操作的处理要简单很多，因为接收到读请求的节点只需要查

询本地数据，然后响应数据给客户端就可以了。读操作的核心流程如图 6-35
所示。

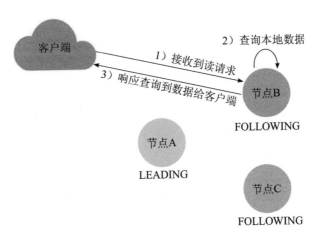

图 6-35 读操作的核心流程

1）跟随者在 FollowerRequestProcessor.processRequest() 中接收到读请求。

2）跟随者在 FinalRequestProcessor.processRequest() 中查询本地数据，也就是
dataTree 中的数据，如代码清单 6-39 所示。

代码清单 6-39 跟随者查询本地数据

```
// 处理读请求
case OpCode.getData: {
    ......
    // 查询本地 dataTree 中的数据
    rsp = handleGetDataRequest(getDataRequest,cnxn,request.
    authInfo);
    ......
    break;
}
```

3）然后跟随者响应查询到的数据给客户端，如代码清单 6-40 所示。

代码清单 6-40 跟随者响应数据到客户端

```
case OpCode.getData : {
    ......
```

```
// 响应查询到的数据给客户端
cnxn.sendResponse(hdr,rsp,"response",path,stat,opCode);
break;
}
```

至此，ZooKeeper 就完成了读操作的处理。这里补充一点，可以将 dataTree 理解为 Raft 的状态机，提交的数据最终都存放在 dataTree 中。

6.5　ZAB 协议与 Raft 算法

在我看来，ZAB 协议和 Raft 算法很类似，比如主备模式（也即领导者、跟随者模型）、日志必须是连续的、以领导者的日志为准来实现日志一致等。为什么它们比较类似呢？

我的看法是，"英雄所见略同"。比如 ZAB 协议要实现操作的顺序性，而 Raft 算法不仅要实现操作的顺序性，还要实现线性一致性，这两个目标决定了它们不能允许日志不连续，且必须按照顺序提交日志，所以，它们要通过上面的方法实现日志的顺序性，并保证达成共识（即提交后的日志不会再改变）。

最后，我想就 ZAB 协议和 Raft 算法做个对比，来具体说说二者的异同。既然我们要做对比，那么首先要定义对比标准，我是这么考虑的：你应该有这样的体会，同一个功能，不同的读者实现的代码会不一样（比如数据结构、代码逻辑），所以过于细节的比较，尤其是偏系统实现方面的比较，意义不大（比如比较跟随者是否转发写请求到领导者，不仅意义不大，而且这是 ZAB 协议和 Raft 算法都没有约定的，是集群系统需要考虑的）。我们可以从核心原理上做对比。

领导者选举：ZAB 协议采用的是"见贤思齐、相互推荐"的快速领导者选举（Fast Leader Election）算法，Raft 算法采用的是"一张选票、先到先得"的自定义算法。在我看来，Raft 算法的领导者选举需要通信的消息数更少，选举也更快。

日志复制：Raft 算法和 ZAB 协议都是以领导者的日志为准来实现日志一致，而且日志必须是连续的，也必须按照顺序提交。

读操作和一致性：ZAB 协议的设计目标是操作的顺序性，在 ZooKeeper 中默认实现的是最终一致性，读操作可以在任何节点上执行；而 Raft 算法的设计目标是强一致性（也就是线性一致性），所以 Raft 算法更灵活，它既可以提供强一致性，也可以提供最终一致性。

写操作：Raft 算法和 ZAB 协议的写操作都必须在领导者节点上处理。

成员变更：Raft 算法和 ZAB 协议都支持成员变更（其中 ZAB 协议是以动态配置的方式实现的），所以在节点变更时，你不需要重启机器，因为集群是一直运行的，服务也不会中断。

其他：相比 ZAB 协议，Raft 算法的设计更为简洁，比如 Raft 算法没有引入类似 ZAB 协议的成员发现和数据同步阶段，而是当节点发起选举时递增任期编号，在选举结束后广播心跳，直接建立领导者关系，然后向各节点同步日志，来实现数据副本的一致性。**在我看来，ZAB 协议的成员发现可以和领导者选举合到一起，类似 Raft 算法，在领导者选举结束后直接建立领导者关系，而不是再引入一个新的阶段；数据同步阶段是一个冗余的设计，可以去除，因为 ZAB 协议无须先实现数据副本的一致性，才可以处理写请求，而且这个设计是没有额外的意义和价值的。**

另外，ZAB 协议与 ZooKeeper 强耦合，无法在实际系统中独立使用；而 Raft 算法的实现（比如 Hashicorp Raft 算法）是可以独立使用的，编程友好。

⌨ 思维拓展

在 ZAB 协议中，主节点是基于 TCP 协议来广播消息的，且保证了消息接收的顺序性。那么你不妨想想，如果 ZAB 采用的是 UDP 协议，能保证消息接收的顺序性吗？为什么呢？

ZAB 协议是通过快速领导者选举来选举出新的领导者的。那么选举中会出现选票被瓜分、选举失败的问题吗？为什么呢？

提案提交的大多数原则和领导者选举的大多数原则，确保了被复制到大多数节点的提案不再改变。那么你不妨思考和推演一下，这是为什么呢？

ZooKeeper 提供的是最终一致性，读操作可以在任何节点上执行。如果读操作访问的是备份节点，为什么无法保证每次都能读到最新的数据呢？

6.6 本章小结

本章主要介绍了 ZAB 协议如何实现操作的顺序性、如何处理主节点崩溃、如何从故障中恢复，以及如何处理读写请求等内容。学习完本章，希望大家能明确这样几个重点。

1）ZAB 协议是通过"一切以领导者为准"的强领导者模型和严格按照顺序处理、提交提案来实现操作的顺序性的。

2）领导者选举的目标是选举出大多数节点中数据最完整的节点，也就是大多数节点中事务标识符值最大的节点。任期编号、事务标识符、集群 ID 的值的大小决定了哪个节点更适合作为领导者，按照顺序，值最大的节点更适合作为领导者。

3）数据同步是通过以领导者的数据为准的方式来实现各节点数据副本的一致的。需要注意的是，基于"大多数"的提交原则和选举原则能确保被复制到大多数节点并提交的提案不再改变。

4）在 ZooKeeper 中，写请求只能在领导者节点上处理，读请求可以在所有节点上处理，即 ZooKeeper 实现的是最终一致性。而与领导者"失联"的跟随者（比如发生分区故障时）既不能处理写请求，也不能处理读请求。

学习完本章，有读者可能会想到 Paxos 算法、Raft 算法也都有领导者，难道实现一致性就必须要领导者吗？没有领导者就无法实现一致性吗？其实，有些没有领导者的算法也能实现一致性，具体将在下一章讲解。

第 7 章 *Chapter 7*

Gossip 协议

有些读者的业务需求具有一定的敏感性，比如监控主机和业务运行的告警系统，大家都希望自己的系统在极端情况下（比如集群中只有一个节点在运行）也能运行。在回忆了二阶段提交协议和 Raft 算法之后，你会发现它们都需要全部节点或者大多数节点正常运行才能稳定运行，并不适合此类场景。而如果采用 Base 理论，则需要实现最终一致性，那么，怎样才能实现最终一致性呢？

在我看来，可以通过 Gossip 协议来实现这个目标。

Gossip 协议，顾名思义，就像流言蜚语一样，是指利用一种随机、带有传染性的方式将信息传播到整个网络中，并在一定时间内使得系统内的所有节点数据一致。掌握这个协议不仅能帮助我们很好地理解这种最常用的、实现最终一致性的算法，也能让我们在后续工作中得心应手地实现数据的最终一致性。

为了帮你彻底吃透 Gossip 协议，拥有实现最终一致性的实战能力，我会先带你了解 Gossip 的三板斧，因为这是 Gossip 协议的核心内容，也是实现最终一致性的三种常用方法，然后以实际系统为例，带你了解在实际系统中如何实现反熵。

7.1 Gossip 的三板斧

Gossip 的三板斧分别是直接邮寄（Direct Mail）、反熵（Anti-entropy）和谣言传播（Rumor Mongering）。

直接邮寄：是指直接发送更新数据，当数据发送失败时，将数据缓存下来，然后重传。从图 7-1 中可以看到，节点 A 直接将更新数据发送给了节点 B、D。

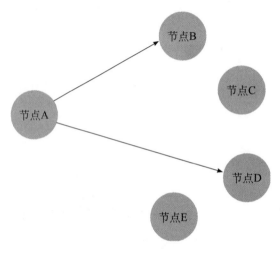

图 7-1 节点 A 将更新数据发送给节点 B、D

在这里我想补充一点，直接邮寄虽然实现起来比较容易，数据同步也很及时，但可能会因为缓存队列满了而丢失数据。也就是说，只采用直接邮寄是无法实现最终一致性的。

那如何实现最终一致性呢？答案就是反熵。本质上，反熵是一种通过异步修复实现最终一致性的方法（关于异步修复，可以回顾一下 2.3.2 节）。常见的最终一致性系统（比如 Cassandra）都实现了反熵功能。

反熵是指集群中的节点每隔一段时间就随机选择一个其他节点，然后通过互相交换自己的所有数据来消除两者之间的差异，实现数据的最终一致性。

从图 7-2 中可以看到，节点 A 通过反熵的方式修复了节点 D 中缺失的数据。那具体如何实现呢？

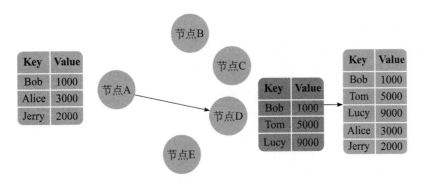

图 7-2　节点 A 通过反熵修复了节点 D 中缺失的数据

反熵的实现方式主要有推、拉和推拉 3 种。我将以修复图 7-3 中两个数据副本的不一致问题为例来详细说明。

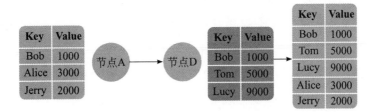

图 7-3　节点 A、D 的数据副本不一致

推方式是指将自己的所有副本数据推给对方，以修复对方的数据副本中的熵，如图 7-4 所示。

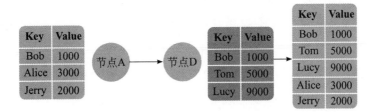

图 7-4　节点 A 采用推方式修复节点 D 的数据副本的熵

拉方式是指拉取对方的所有副本数据，以修复自己的数据副本中的熵，如图 7-5 所示。

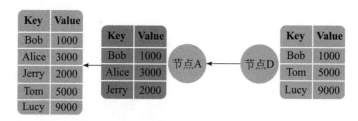

图 7-5 节点 A 采用拉方式修复自己的数据副本的熵

理解了推方式和拉方式之后，推拉方式就很好理解了，它是指同时修复自己和对方的数据副本中的熵，如图 7-6 所示。

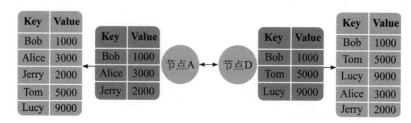

图 7-6 节点 A 采用推拉方式修复自己和节点 D 的数据副本的熵

也许有读者会觉得反熵是一个很奇怪的名词。其实，你可以这么来理解，反熵中的熵是指混乱程度，而反熵是指消除不同节点中数据的差异，以提升节点间数据的相似度，降低熵值。

另外需要注意的是，因为反熵需要节点两两交换和比对自己所有的数据，通信成本会很高，所以不建议在实际场景中频繁执行反熵操作，可以通过引入校验和（Checksum）等机制降低需要对比的数据量和通信消息等。

虽然反熵很实用，但是执行反熵操作时，相关的节点都是已知的，而且节点数量不能太多。如果是一个动态变化或节点数比较多的分布式环境（比如在 DevOps 环境中检测节点故障并动态维护集群节点状态），这时反熵就不适用了。**此时，我们应该怎样实现最终一致性呢？答案就是谣言传播。**

谣言传播，即广泛地散播谣言，是指当一个节点有了新数据后，这个节点就会变成活跃状态，并周期性地联系其他节点向其发送新数据，直到所有的节点都存储了该新数据。

从图 7-7 中可以看到，节点 A 向节点 B、D 发送新数据，节点 B 收到新数据后变成活跃节点，然后节点 B 向节点 C、D 发送新数据。其实，谣言传播非常具有传染性，它适合动态变化的分布式系统。

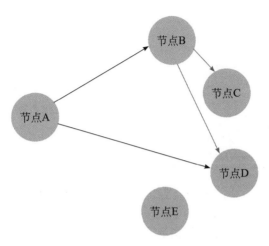

图 7-7　节点 A 发起谣言传播

7.2　如何使用反熵实现最终一致性

在分布式存储系统中，实现数据副本最终一致性的最常用的方法是反熵。为了帮你彻底理解和掌握在实际环境中实现反熵的方法，我想以自研 InfluxDB 的反熵实现为例具体带你了解一下。

在自研 InfluxDB 中，一份数据副本是由多个分片组成的，也就是实现了数据分片。3 节点 3 副本的 InfluxDB 集群如图 7-8 所示。

反熵的目标是确保每个 DATA 节点拥有元信息指定的分片，而且在不同节点上，同一分片组中的分片都没有差异。比如，节点 A 要拥有分片 Shard1 和 Shard2，而且节点 A 的 Shard1 和 Shard2 与节点 B、C 中的 Shard1 和 Shard2 是一样的。

那么，DATA 节点上存在哪些数据缺失的情况呢？换句话说，我们需要解决哪些问题呢？

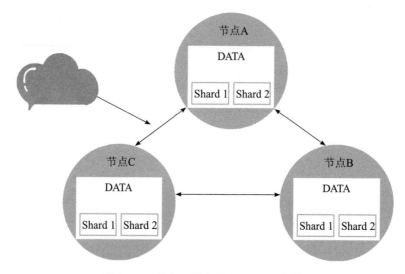

图 7-8 3 节点 3 副本的 InfluxDB 集群

我们将数据缺失分为这样两种情况。

❑ 缺失分片：某个节点上的整个分片都丢失了。

❑ 节点之间的分片不一致：节点上的分片都存在，但里面的数据不一样，有数据丢失的情况发生。

第一种情况修复起来很简单，我们只需要通过 RPC 通信将分片数据从其他节点上复制过来就可以了，如图 7-9 所示。

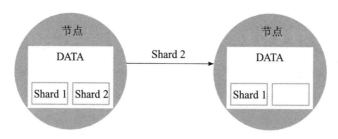

图 7-9 直接复制缺失的分片数据

第二种情况修复起来要复杂一些，我们需要设计一个闭环流程，按照一定的顺序来修复，这样执行完整个流程后也就实现了一致性。具体要怎样设计呢？

它是按照一定顺序来修复节点的数据差异，先随机选择一个节点，该节点生成

自己节点有而下一个节点没有的差异数据，并发送给下一个节点，修复下一个节点
的数据缺失，然后按照顺序，各节点循环修复，如图 7-10 所示。为了方便演示，假
设 Shard1、Shard2 在各节点上是不一致的。

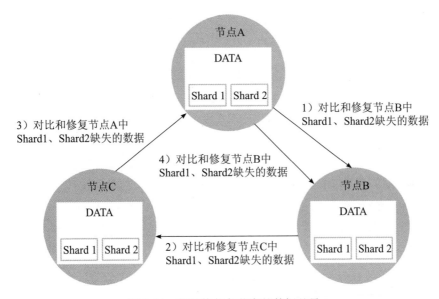

图 7-10　循环修复各节点的数据差异

从图 7-10 中可以看到，数据修复的起始节点为节点 A，数据修复是按照顺时针
顺序循环进行的。**需要注意的是，最后节点 A 又对节点 B 的数据执行了一次数据修
复操作，因为只有这样，节点 C 有、节点 B 缺失的差异数据才会同步到节点 B 上。**

学到这里你可以看到，在实现反熵时，实现细节和最初算法的约定有些不同。
比如，不是一个节点不断随机选择另一个节点来修复副本上的熵，而是设计了一个
闭环的流程，一次修复所有节点的副本数据不一致问题。

为什么这样设计呢？因为我们希望能在一个确定的时间范围内实现数据副本的
最终一致性，而不是基于随机性的概率，在一个不确定的时间范围内实现数据副本
的最终一致性。这样做能减少数据不一致对监控视图影响的时长。但是，需要注意
的是，技术是要活学活用的，我们要能根据场景特点权衡妥协，设计出最适合这个
场景的系统功能。最后需要注意的是，因为反熵需要做一致性对比，很消耗系统资

源，所以建议将是否启用反熵功能、执行一致性检测的时间间隔等做成可配置的，以方便在不同场景中按需使用。

思维拓展

既然使用反熵实现最终一致性时需要通过一致性检测发现数据副本的差异，如果每次做一致性检测时都要做数据对比，必然会消耗一部分资源，那么，有什么办法可以降低一致性检测时的性能损失呢？

7.3 本章小结

本章主要讲解了 Gossip 协议以及如何在实际系统中实现反熵等。学完本章，希望大家能明确这样几个重点。

1）作为一种异步修复、实现最终一致性的协议，反熵在存储组件中应用广泛，比如 Dynamo、InfluxDB、Cassandra，希望你能彻底掌握反熵的实现方法，在需要实现最终一致性的实际工作场景中，优先考虑反熵。

2）因为谣言传播具有传染性，如一个节点传给了另一个节点，另一个节点又将充当传播者，传给其他节点，所以非常适合动态变化的分布式系统，比如 Cassandra。

3）一般而言，在实际场景中实现数据副本的最终一致性时，直接邮寄的方式是一定要实现的，因为不需要做一致性对比，只需要通过发送更新数据或重传缓存来修复数据，性能损耗低。在存储组件中，节点都是已知的，一般采用反熵修复数据副本的一致性。当集群节点是变化的，或者集群节点数比较多时，这时要采用谣言传播的方式同步更新数据，实现最终一致性。

如果我们在实际场景中设计了一套 AP 型分布式系统，并通过反熵实现了各数据副本的最终一致性，且系统也在线上稳定地运行着，此时突然有同事提出希望数据写入成功后，能立即读取到新数据需求，也就是要实现强一致性，这时我们该怎么办呢？难道我们必须要推倒架构，一切从头再来？其实没必要，我们可以通过 Quorum NWR 算法来解决这个问题，具体将在下一章介绍。

第 8 章 | *Chapter 8*

Quorum NWR 算法

不知道你在工作中有没有遇到过这样的事情：你开发实现了一套 AP 型分布式系统（前文 2.1.3 节提到了 AP 型系统的特点，你可以回顾一下），实现了最终一致性，且业务接入后运行正常，一起看起来都那么美好。

可是突然有同事说，我们要拉这几个业务的数据做实时分析，希望数据写入成功后，就能立即读取到新数据，也就是要实现强一致性（Werner Vogels 提出的客户端侧一致性模型⊖，不是指线性一致性），即数据更改后，要保证用户能立即查询到。这时你该怎么办呢？首先你要明确最终一致性和强一致性有什么区别。

❑ 强一致性能保证写操作完成后，任何后续访问都能读到更新后的值。

❑ 最终一致性只能保证如果对某个对象没有新的写操作了，最终所有后续访问都能读到相同的最近更新的值。也就是说，写操作完成后，后续访问可能会读到旧数据。

其实在我看来，为了一个临时的需求而重新开发一套系统或者迁移数据到新系统肯定是不合适的。因为工作量比较大，而且耗时也长，所以我建议通过 Quorum NWR 算法解决这个问题。

⊖ https://www.allthingsdistributed.com/2008/12/eventually_consistent.html。

通过 Quorum NWR 算法，我们可以自定义一致性级别，通过临时调整写入或者查询的方式满足新需求，当 $W+R>N$ 时，就可以实现强一致性了。也就是说，在原有系统上开发并实现一个新功能，即可满足业务同事的需求。

其实，在 AP 型分布式系统中（比如 Dynamo、Cassandra、InfluxDB 企业版的 DATA 节点集群），Quorum NWR 算法是通常都会实现的一个功能，很常用。对你来说，掌握了 Quorum NWR 算法，不仅可以掌握一种常用的、实现一致性的方法，而且可以在后续的实际场景中根据业务的特点，灵活地指定一致性级别。

为了帮助你掌握 Quorum NWR 算法，除了带你了解它的基本原理外，我还会以 InfluxDB 企业版的实现为例，带你看一下它在实际场景中是如何实现的，以便在理解原理的基础上，掌握 Quorum NWR 算法的实战技巧。

首先，你需要了解 Quorum NWR 算法的三要素：N、W、R。因为它们是 Quorum NWR 算法的核心内容，我们就是通过组合这 3 个要素实现自定义一致性级别的。

8.1 Quorum NWR 的三要素

N 表示副本数，又叫作复制因子（Replication Factor）。也就是说，N 表示集群中同一份数据有多少个副本，如图 8-1 所示。

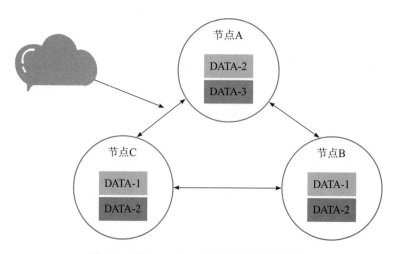

图 8-1 节点 A、B、C 组成的 3 节点集群

从图 8-1 中可以看到，在这个 3 节点集群中，DATA-1 有 2 个副本，DATA-2 有 3 个副本，DATA-3 有 1 个副本。也就是说，副本数可以不等于节点数，不同的数据可以有不同的副本数。

需要注意的是，在实现 Quorum NWR 算法的时候，你需要实现自定义副本的功能。也就是说，用户可以自定义指定数据的副本数，比如，用户可以指定 DATA-1 具有 2 个副本，DATA-2 具有 3 个副本。

当指定了副本后，我们就可以对副本数据进行读写操作了。但是，这么多副本，你要如何执行读写操作呢？先来看一看写操作，也就是 W。

W，又称写一致性级别（Write Consistency Level），表示成功完成 W 个副本更新才能完成写操作，如图 8-2 所示。

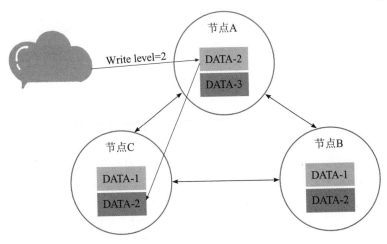

图 8-2　完成 W 个副本更新

从图 8-2 中可以看到，DATA-2 的写副本数为 2，也就是说，对 DATA-2 执行写操作时，只有完成了 2 个副本的更新（比如节点 A、C）才完成写操作。

有的读者可能会问，DATA-2 有 3 个数据副本，如果完成 2 个副本的更新就表示完成了写操作，那么如何实现强一致性呢？如果客户端读到了第 3 个数据副本（比如节点 B），不就可能无法读到更新后的值了吗？别急，我讲完如何执行读操作后，你就明白了。

R，又称读一致性级别（Read Consistency Level），表示读取一个数据对象时需要读取 *R* 个副本。也可以这么理解，读取指定数据时要读取 *R* 个副本，然后返回 *R* 个副本中最新的那份数据，如图 8-3 所示。

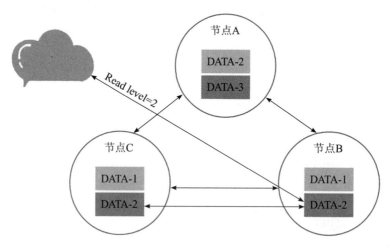

图 8-3　读取 *R* 个副本的数据

从图 8-3 中可以看到，DATA-2 的读副本数为 2。也就是说，客户端读取 DATA-2 的数据时，需要读取 2 个副本中的数据，然后返回最新的那份数据。

这里需要注意的是，无论客户端如何执行读操作，哪怕它访问的是写操作未强制更新副本数据的节点（比如节点 B），但因为 *W*(2)+*R*(2)>*N*(3)，也就是说，访问节点 B 执行读操作时，因为要读 2 份数据副本，所以除了节点 B 上的 DATA-2，还会读取节点 A 或节点 C 上的 DATA-2，如图 8-3 所示（比如节点 C 上的 DATA-2），而节点 A 和节点 C 的 DATA-2 数据副本是强制更新成功的，所以返回给客户端的数据肯定是最新的那份数据。

你看，通过设置 *R* 为 2，即使读到前面问题中的第 3 份副本数据（比如节点 B），也能返回更新后的那份数据，实现强一致性。

除此之外，关于 Quorum NWR 算法，我们还需要注意的是，*N*、*W*、*R* 的值的不同组合会产生不同的一致性效果。具体来说，不同组合会产生如下两种效果：

❑ 当 *W*+*R*>*N* 的时候，对于客户端来说，整个系统能保证强一致性，即一定能返回更新后的那份数据；

□ 当 $W+R \leqslant N$ 的时候，对于客户端来说，整个系统只能保证最终一致性，即可能会返回旧数据。

可以看到，Quorum NWR 算法的原理并不复杂，也相对容易理解，但这里我想强调一下，掌握它的关键在于如何根据不同的场景特点灵活地实现该算法，所以接下来，我们以 InfluxDB 企业版为例，具体问题具体分析，以便加深理解。

8.2　如何实现 Quorum NWR

在 InfluxDB 企业版中，我们可以在创建保留策略时设置指定数据库对应的副本数，如代码清单 8-1 所示。

代码清单 8-1　创建保留策略

```
create retention policy "rp_one_day" on "telegraf" duration 1d
replication 3
```

在代码清单 8-1 中，我们通过 replication 参数指定了数据库 telegraf 对应的副本数为 3。

需要注意的是，在 InfluxDB 企业版中，副本数不能超过节点数据。你可以这样理解，多副本的意义在于冗余备份，如果副本数超过节点数，就意味着一个节点上会存在多个副本，那么这时冗余备份的意义就不大了。比如机器故障时，节点上的多个副本是同时被影响的。

InfluxDB 企业版支持"Any、One、Quorum、All"4 种写一致性级别，具体含义分析如下。

□ Any：任何一个节点写入成功后，或者接收节点已将数据写入 Hinted-handoff 缓存（也就是写其他节点失败后，本地节点上缓存写失败数据的队列）后，就会返回成功给客户端。

□ One：任何一个节点写入成功后，就会立即返回成功给客户端，不包括成功写入 Hinted-handoff 缓存。

□ Quorum：当大多数节点写入成功后，就会返回成功给客户端。此选项仅在副本数大于 2 时才有意义，否则等效于 All。

❑ All：仅在所有节点都写入成功后，返回成功。

我想强调一下，对时序数据库而言，读操作常会拉取大量数据，其查询性能是挑战，是必须要考虑优化的，因此，InfluxDB 企业版不支持读一致性级别，只支持写一致性级别。另外，我们可以通过设置写一致性级别为 All，来实现强一致性。

你看，如果我们像 InfluxDB 企业版这样实现了 Quorum NWR 算法，那么在业务临时需要实现强一致性时，就可以通过设置写一致性级别为 All 来实现了。

⌾ 思维拓展

本章提到了实现 Quorum NWR 算法时，需要实现自定义副本的能力，那么，一般需要设置几个副本呢？为什么呢？

8.3 本章小结

本章主要讲解了 Quorum NWR 算法的原理以及 InfluxDB 企业版的 Quorum NWR 算法实现。学习完本章，希望大家能明确这样几个重点。

1）一般而言，不推荐副本数超过当前的节点数，因为当副本数超过节点数时，就会出现同一个节点存在多个副本的情况。当这个节点有故障时，上面的多个副本就都会受到影响。

2）当 $W+R>N$ 时，可以实现强一致性。另外，如何设置 N、W、R 值，取决于我们想优化哪方面的性能。比如，N 决定了副本的冗余备份能力；如果设置 $W=N$，则读性能比较好；如果设置 $R=N$，则写性能比较好；如果设置 $W=(N+1)/2$、$R=(N+1)/2$，则容错能力比较好，能容忍少数节点［也就是 $(N-1)/2$］的故障。

最后，Quorum NWR 算法是一种非常实用的算法，能有效地弥补 AP 型系统缺乏强一致性的痛点，给业务提供了按需选择一致性级别的灵活度。建议你在开发实现 AP 型系统时也采用 Quorum NWR 算法。另外，我们在实际开发中，除了需要考虑数据访问的一致性，还需要考虑系统状态的一致性，也即实现事务，那么如何在分布式系统中实现事务呢？其实，我们可以通过 MySQL XA、TCC 来实现分布式事务，具体将在接下来的两章中介绍。

第9章 *Chapter 9*

MySQL XA

相信很多读者都知道 MySQL 支持单机事务，那么在分布式系统中，涉及多个节点，MySQL 又是怎样实现分布式事务的呢？

这个问题和我最近遇到的问题很类似，我现在负责的一个业务系统需要接收来自外部的指令，然后访问多个内部其他系统来执行指令，但执行完指令后，需要同时更新多个内部 MySQL 数据库中的值（比如 MySQL 数据库 A、B、C）。

由于业务敏感，所以系统必须处于一个一致性状态（也就是说，MySQL 数据库 A、B、C 中的值要么同时更新成功，要么全部不更新），否则会出现有的系统显示指令执行成功，而有的系统显示指令尚未被执行的情况，导致多部门对指令执行结果理解混乱。

那么我当时是如何实现多个 MySQL 数据库更新的一致性呢？答案就是采用 MySQL XA。

在我看来，MySQL 通过支持 XA 规范的二阶段提交协议，不仅实现了多个 MySQL 数据库操作的事务，还能实现 MySQL、Oracle、SQL Server 等支持 XA 规范的数据库操作的事务。

通常，理解 MySQL XA，不仅要能理解数据层分布式事务的原理，还要能在实际系统中更加深刻地理解二阶段提交协议，这样当你在实际工作中遇到多个 MySQL 数据库的事务需求时，你就知道如何通过 MySQL XA 来处理了。

老规矩，咱们先来看一道思考题。

假设有两个 MySQL 数据库 A、B（位于不同的服务器节点上），我们需要实现多个数据库更新（比如，UPDATE executed_table SET status=true WHERE id=100）和插入操作（比如，INSERT into operation_table SET id=100, op='get-cdn-log'）的事务，如图 9-1 所示，那么在 MySQL 中如何实现呢？

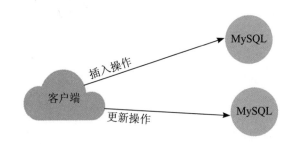

图 9-1　同时对两个数据库分别执行插入操作和更新操作

带着这个问题，我们进入本章的学习。不过因为 MySQL 是通过 XA 规范实现分布式事务的，所以我们有必要先来了解一下 XA 规范。

9.1　什么是 XA 规范

提到 XA 规范，就不得不说 DTP（ Distributed Transaction Processing，分布式事务处理）模型，因为 XA 规范约定的是 DTP 模型中的两个模块（事务管理器和资源管理器）的通信方式，如图 9-2 所示。

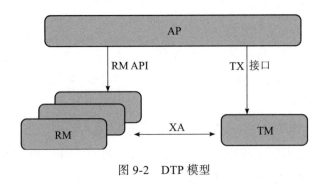

图 9-2　DTP 模型

为了更好地理解 DTP 模型，我来解释一下 DTP 各模块的作用。

❑ AP：应用程序（Application Program），一般指事务的发起者（比如数据库客户端或者访问数据库的程序），定义事务对应的操作（比如更新操作 UPDATE executed_table SET status = true WHERE id=100）。

❑ RM：资源管理器（Resource Manager），管理共享资源，并提供访问接口供外部程序来访问共享资源，比如数据库。RM 还应该具有事务提交或回滚的能力。

❑ TM：事务管理器（Transaction Manager），一般指分布式事务的协调者。TM 与每个 RM 进行通信，协调并完成事务的处理。

你是不是觉得这个模型看起来很复杂？其实在我看来，你可以这样理解 DTP 模型：应用程序访问、使用资源管理器的资源，并通过事务管理器的事务接口（TX interface）定义需要执行的事务操作，然后事务管理器和资源管理器会基于 XA 规范，执行二阶段提交协议。

那么，XA 规范是什么呢？它约定了事务管理器和资源管理器之间双向通信的接口规范，并实现了二阶段提交协议，如图 9-3 所示。

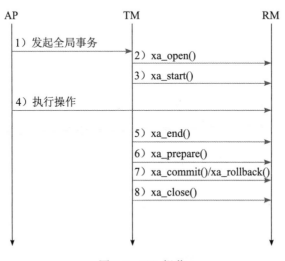

图 9-3　XA 规范

为了更好地理解这个过程，我们一起走一遍实现流程，以加深印象：

1）AP（应用程序）联系 TM（事务管理器）发起全局事务；

2）TM 调用 ax_open() 建立与资源管理器的会话；

3）TM 调用 xa_start() 标记事务分支（Transaction Branch）的开头；

4）AP 访问 RM（资源管理器）并定义具体事务分支的操作，比如更新一条数据记录（UPDATE executed_table SET status=true WHERE id=100）和插入一条数据记录（INSERT into operation_table SET id=100, op='get-cdn-log'）；

5）TM 调用 xa_end() 标记事务分支的结尾；

6）TM 调用 xa_prepare() 通知 RM 做好事务分支提交的准备工作，比如锁定相关资源，也就是执行二阶段提交协议的提交请求阶段；

7）TM 调用 xa_commit() 通知 RM 提交事务分支（xa_rollback() 通知 RM 回滚事务），也就是执行二阶段提交协议的提交执行阶段；

8）TM 调用 xa_close() 关闭与 RM 的会话。

整个过程也许有些复杂，不过你可以这样理解：**xa_start() 和 xa_end() 在准备和标记事务分支的内容，然后调用 xa_prepare() 和 xa_commit()（或者 xa_rollback()）执行二阶段提交协议，实现操作的原子性**。注意，这些接口需要按照一定顺序执行，比如 xa_start() 必须在 xa_end() 之前执行。

另外，事务管理器对资源管理器调用的 xa_start() 和 xa_end() 这对组合，一般用于标记事务分支（就像上面的更新一条数据记录和插入一条数据记录）的开头和结尾。需要注意的是：

❑ 对于同一个资源管理器，根据全局事务的要求，可以前后执行多个操作组合，比如，先标记一个插入操作，再标记一个更新操作；

❑ 事务管理器只是标记事务，并不执行事务，最终是由应用程序通知资源管理器来执行事务操作的。

另外，XA 规范还约定了如何向事务管理器注册和取消资源管理器的 API 接口（也就是 ax_reg() 和 ax_unreg() 接口）。这里需要注意的是，这两个接口是以 ax_ 开头的，而不是像 xa_start() 那样以 xa_ 开头。

讲了这么多，我们该如何通过 MySQL XA 实现分布式事务呢？

9.2　如何通过 MySQL XA 实现分布式事务

首先，你需要创建一个唯一的事务 ID（比如 xid）来唯一标识事务，并调用 XA START 和 XA END 来定义事务分支对应的操作（比如 INSERT into operation_table SET id=100, op='get-cdn-log'），如图 9-4 所示。

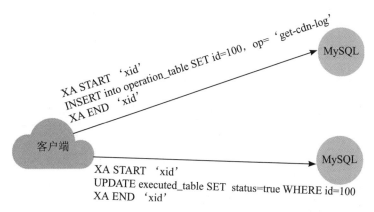

图 9-4　调用 XA START 和 XA END 来定义事务分支对应的操作

接着，你需要调用 XA PREPARE 来执行二阶段提交协议的提交请求阶段，如图 9-5 所示。

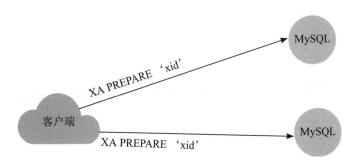

图 9-5　调用 XA PREPARE 来执行提交请求阶段

最后，你需要调用 XA COMMIT 来提交事务（或者调用 XA ROLLBACK 来回滚事务），如图 9-6 所示。至此，你就实现了全局事务的一致性。

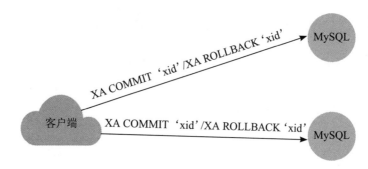

图 9-6　调用 XA COMMIT 来提交事务（或者调用 XA ROLLBACK 来回滚事务）

从图 9-6 所示的流程中可以看到，客户端在扮演事务管理器的角色，而 MySQL 数据库在扮演资源管理器的角色。但是这里需要注意，上面流程中的 xid 必须是唯一值。

另外我想补充的是，如果你要开启 MySQL 的 XA 功能，则必须设置存储引擎为 InnoDB，也就是说，在 MySQL 中，只有 InnoDB 引擎支持 XA 规范。

当然，可能有些读者对 MySQL XA 有这样的疑问，能否将 XA END 和 XA PREPARE 合并到一起呢？**答案是不能，因为在 XA END 之后，我们是可以直接执行 XA COMMIT 命令的，也就是一阶段提交**（比如当共享资源变更只涉及一个 RM 时）。

最后，我强调一下，MySQL XA 性能不高，适合在并发性能要求不高的场景中使用，而我之所以需要采用 MySQL XA 实现分布式事务，是因为整个系统对并发性能要求不高，而且底层架构是多个第三方的，没办法改造。

🔊 注意

　　XA 规范保证了全局事务的一致性，实现成本较低，而且得到了包括 MySQL 在内的主流数据库的支持。但是因为 XA 规范是基于二阶段提交协议实现的，所以它也存在二阶段提交协议的局限，列举如下。

　　首先，XA 规范存在单点问题，也就是说，因为事务管理器在整个流程中扮演的角色很关键，如果其宕机，比如第一阶段已经完成了，在第二阶段正准备提交的时候，事务管理器宕机了，那么相关的资源会被锁定，无法访问。

　　其次，XA 规范存在资源锁定的问题，也就是说，在进入准备阶段后，资源管理器中的资源将处于锁定状态，直到提交完成或者回滚完成才能解锁。

思维拓展

虽然 MySQL XA 能解决数据库操作的一致性问题，但它的性能不高，适用于对并发性能要求不高的场景。那么，在 MySQL XA 不能满足并发需求时，我们应该如何重新设计底层数据系统，来避免采用分布式事务呢？为什么呢？

9.3　本章小结

本章主要讲解了 XA 规范以及如何使用 MySQL XA 实现分布式事务。学习完本章，希望大家能明确这样几个重点。

1）XA 规范是个标准的规范，也就是说，无论是否是相同的数据库，只要这些数据库（比如 MySQL、Oracle、SQL Server）支持 XA 规范，那么它们就能实现分布式事务，也就是能保证全局事务的一致性。

2）相比商业数据库对 XA 规范的支持，MySQL XA 性能不高，所以，我不推荐在高并发的性能至上的场景中使用 MySQL XA。

3）在实际开发中，为了降低单点压力，我们通常会根据业务情况进行分表分库，即将表分布在不同的库中，那么，在这种情况下，如果后续需要保证全局事务的一致性，则也需要实现分布式事务。

虽然 MySQL XA 能实现数据层的分布式事务，但我现在负责的这套业务系统还面临这样的问题：在接收到外部的指令后，我需要访问多个内部系统，执行指令约定的操作，而且，我必须保证指令执行的原子性，也就是说，要么全部成功，要么全部失败，此时我应该怎么做呢？答案是 TCC，具体将在下一章介绍。

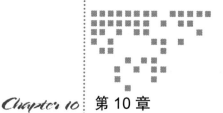

Chapter 10 | 第 10 章

TCC

第 9 章提到，虽然 MySQL XA 能实现数据层的分布式事务，解决多个 MySQL 操作的事务问题，但我现在负责的这套业务系统还面临别的问题：在接收到外部的指令后，我需要访问多个内部系统，执行指令约定的操作，还必须保证指令执行的原子性（也就是事务要么全部成功，要么全部失败）。

那么我是如何实现指令执行的原子性呢？答案是 TCC。

在我看来，基于二阶段提交协议的 XA 规范实现的是数据层面操作的事务，而 TCC 能实现业务层面操作的事务。

理解了二阶段提交协议和 TCC 后，我们就可以从数据层面到业务层面更加全面地理解如何实现分布式事务了，从而在日常工作中更清楚地知道如何处理操作的原子性或者系统状态的一致性等问题。

我们还是先来看一道思考题。

我以如何实现订票系统为例，假设现在要实现一个给内部员工提供机票订购服务的企鹅订票系统，但在实现订票系统时，我们需要考虑这样的情况：我想从深圳飞北京，但没有直达的机票，要先定深圳航空的航班从深圳去上海，再定上海航空的航班从上海去北京，如图 10-1 所示。

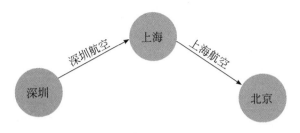

图 10-1　从深圳经上海中转去北京

因为我的目的地是北京，所以如果只有一张机票订购成功肯定是不行的，这个系统必须保障两个订票操作的事务要么全部成功，要么全部不成功。那么该如何实现两个订票操作的事务呢？

带着这个问题，我们进入本章的学习，先来了解一下什么是 TCC。

10.1　什么是 TCC

在 2.2.2 节，我们介绍了 TCC，如果你对 TCC 不熟悉或者忘记了，可以回过头复习一下。这里我只想补充一点：可以对比二阶段提交协议来理解 TCC 包含的预留（Try）、确认（Confirm）或撤销（Cancel）这两个阶段，分析如下。

- ❑ 预留和二阶段提交协议中的提交请求阶段的操作类似，具体是指系统会将需要确认的资源预留、锁定，确保确认操作一定能执行成功。
- ❑ 确认和二阶段提交协议中的提交执行阶段的操作类似，具体是指系统将最终执行的操作。
- ❑ 撤销比较像二阶段提交协议中的回滚操作，具体是指系统将撤销之前预留的资源，也就是撤销已执行的预留操作对系统产生的影响。

在我看来，二阶段提交协议和 TCC 的目标都是实现分布式事务，这也就决定了它们在思想上是类似的。但是这两种算法解决的问题场景是不同的，一个是数据层面，一个是业务层面，这就决定了它们在细节实现是不同的。所以接下来，我们就一起看看 TCC 的细节。

为了更好地演示 TCC 的原理，我们假设深圳航空、上海航空分别为订票系统提供了以下 3 个接口：机票预留接口、确认接口和撤销接口。那么这时，订票系统可以这样来实现操作的事务。

首先，订票系统调用两个航空公司的机票预留接口，向两个航空公司申请机票预留，如图 10-2 所示。

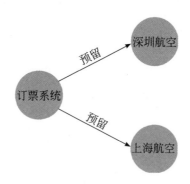

图 10-2   向深圳航空、上海航空申请机票预留

如果两个机票都预留成功，那么订票系统将执行确认操作，也就是订购机票，如图 10-3 所示。

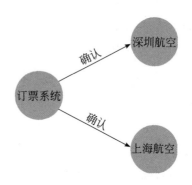

图 10-3   机票预留成功，则确认并订票

但如果此时有机票没有预留成功（比如深圳航空从深圳到上海的机票），那么该怎么办呢？这时订票系统就需要通过撤销接口来撤销订票请求，如图 10-4 所示。

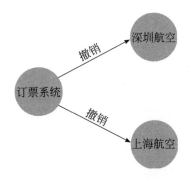

图 10-4　机票预留失败，则撤销订票请求

至此，我们就实现了订票操作的事务。

在我看来，TCC 的难点不在于理解 TCC 的原理，而在于如何根据实际场景特点来实现预留、确认、撤销 3 个操作。所以，为了更深刻地理解 TCC 的 3 个操作的实现要点，我将以一个实际项目为例展开详细说明。

10.2　如何通过 TCC 实现指令执行的原子性

前文提到，当我接收到外部指令时，需要实现操作 1、2、3，如果其中任何一个操作失败，那么我都需要暂停指令执行，将系统恢复到操作未执行状态，然后重试，如图 10-5 所示。

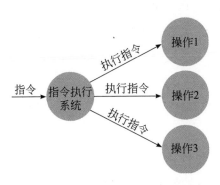

图 10-5　需要同时执行操作 1、2、3

其中，操作 1、2、3 的含义具体如下。

- 操作 1：生成指定 URL 页面对应的图片并持久化存储。
- 操作 2：调用内部系统 1 的接口，禁用指定域名的访问权限。
- 操作 3：通过 MySQL XA 更新多个数据库的数据记录。

那么我是如何通过 TCC 来解决这个问题的呢？答案是我在实现每个操作时都会分别实现相应的预留、确认、撤销操作。

首先，操作 1 是生成指定 URL 页面对应的图片，具体操作如下。

- 预留操作：生成指定页面的图片并存储到本地。
- 确认操作：更新操作 1 状态为完成。
- 撤销操作：删除本地存储的图片。

其次，因为操作 2 是调用内部系统 1 的接口，禁用该域名的访问权限，具体操作如下。

- 预留操作：调用内部系统 1 的禁用指定域名的预留接口，通知内部系统 1 预留相关的资源。
- 确认操作：调用内部系统 1 的禁用指定域名的确认接口，执行禁用域名的操作。
- 撤销操作：调用内部系统 1 的禁用指定域名的撤销接口，撤销对该域名的禁用，并通知内部系统 1 释放相关的预留资源。

最后，操作 3 是通过 MySQL XA 更改多个 MySQL 数据库中的数据记录，并实现数据更新的事务，具体操作如下。

- 预留操作：执行 XA START 和 XA END 命令准备好事务分支操作，并调用 XA PREPARE 执行二阶段提交协议的提交请求，预留相关资源。
- 确认操作：调用 XA COMMIT 执行确认操作。
- 撤销操作：调用 XA ROLLBACK 执行回滚操作，释放在预留阶段预留的资源。

可以看到，确认操作是预留操作的下一个操作，而撤销操作则是用来撤销已执行的预留操作对系统产生的影响，类似在复制粘贴时，我们通过 "Ctrl Z" 撤销 "Ctrl V" 操作的执行，如图 10-6 所示。这是理解 TCC 的关键。

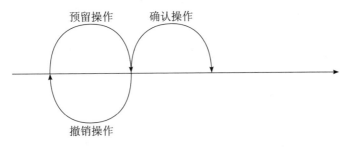

图 10-6 预留、撤销、确认操作的关系图

综上所述，我们首先执行操作 1、2、3 的预留操作，如果预留操作都执行成功了，那么我们将执行确认操作，继续向下执行。但如果预留操作只是部分执行成功，那么我们将执行撤销操作，取消预留操作对系统产生的影响。通过这种方式（指令对应的操作要么全部执行，要么全部不执行），我们就能实现指令执行的原子性了。

另外，在执行确认、撤销操作时，有一点需要我们尤为注意，即这两个操作在执行时可能会重试，所以它们需要支持幂等性。

思维拓展

在本章中，我通过 TCC 解决了指令执行的原子性问题。那么你不妨想想，为什么 TCC 能解决指令执行的原子性问题呢？

10.3 本章小结

本章主要讲解了 TCC 以及如何通过 TCC 实现分布式事务。学完本章，希望大家能明确这样几个重点。

1）TCC 是个业务层面的分布式事务协议，而 XA 规范是数据层面的分布式事务协议，这也是 TCC 和 XA 规范的最大区别。TCC 与业务紧密耦合，在实际场景中，需要我们根据场景特点和业务逻辑来设计相应的预留、确认、撤销操作。相比 MySQL XA，TCC 有一定的编程开发工作量。

2）因为 TCC 是在业务代码中编码实现的，所以，TCC 可以跨数据库、跨业务系统实现资源管理，满足复杂业务场景下的事务需求。比如，TCC 可以将对不同的数据库、不同业务系统的多个操作通过编码方式转换为一个原子操作，实现事务。

3）因为 TCC 的每一个操作对于数据库来讲，都是一个本地数据库事务，所以当操作结束时，本地数据库事务的执行就完成了，相关的数据库资源也就被释放了，这就避免了数据库层面的二阶段提交协议长时间锁定资源，导致系统性能低下的问题。

学习到这里，想必你会有这样的疑问："老韩，如果有人作恶，Raft、TCC 这些算法还适用吗？"答案是不适用，因为 Raft、TCC 算法是非拜占庭容错算法，不适用于拜占庭容错的场景，而常用的拜占庭容错算法有 PBFT、PoW 算法，具体将在接下来的两章中详细介绍。

第 11 章 *Chapter 11*

PBFT 算法

学完了第 1 章的拜占庭将军问题之后,有读者可能会感到困惑:口信消息型拜占庭问题之解在实际项目中是如何落地的呢?事实上,它很难在实际项目中落地,因为口信消息型拜占庭问题之解是一个非常理论化的算法,没有与实际场景结合,也没有考虑如何在实际场景中落地和实现。

比如,它实现的是在拜占庭错误场景下,忠将们如何在叛徒干扰时就一致行动达成共识。但是它并不关心结果是什么,这会出现一种情况:现在适合进攻,但将军们达成的最终共识却是撤退。

很显然,这不是我们想要的结果。因为在实际场景中,我们需要就提议的一系列值(而不是单值),即使在拜占庭错误发生的时候,也能达成共识。那我们应该怎么做呢?答案就是采用 PBFT 算法。

PBFT 算法非常实用,它是一种能在实际场景中落地的拜占庭容错算法,在区块链中应用广泛(比如 Hyperledger Sawtooth、Zilliqa)。为了更好地理解 PBFT 算法,我会先介绍口信消息型拜占庭问题之解的局限,再介绍 PBFT 算法的原理。相信学习完本章内容后,你不仅能理解 PBFT 达成共识的基本原理,还能理解算法背后的演化和改进。

老规矩,在开始本章的学习之前,我们先看一道思考题。

假设苏秦再一次带队抗秦,如苏秦和 4 个国家的 4 位将军赵、魏、楚、韩商量军机要事，如图 11-1 所示，结果刚商量完没多久苏秦就接到了情报：联军中可能存在一个叛徒。这时，苏秦要如何下发作战指令来保证忠将们正确、一致地执行下发的作战指令，而不被叛徒干扰呢？

图 11-1　苏秦带领赵、魏、楚、韩抗秦

带着这个问题，我们正式进入本章的学习。

首先，咱们先来研究一下，为什么口信消息型拜占庭问题之解很难在实际场景中落地呢？除了我在开篇提到的非常理论化，没有与实际的需求结合之外，还有其他的原因吗？

其实，这些问题也是后续众多拜占庭容错算法在努力改进和解决的问题，理解了这些问题，我们能更好地理解拜占庭容错算法（包括 PBFT 算法）。

11.1　口信消息型拜占庭问题之解的局限

口信消息型拜占庭问题之解有个非常致命的缺陷。如果将军数为 n、叛将数为 f，那么算法需要递归协商 $f+1$ 轮，消息复杂度为 $O(n^{(f+1)})$，消息数量指数级暴增。你可以想象一下，如果叛将数为 64，那么消息数会远远超过 int64 所能表示的数量，这是无法想象的，不可行的。

另外，尽管对于签名消息，不管叛将数（比如 f）是多少，经过 $f+1$ 轮的协商，忠将们都能达成一致的作战指令，但是这个算法同样存在"理论化"和"消息数指数级暴增"的痛点。

讲到这儿，你肯定明白为什么这个算法很难在实际场景中落地了。不过，技术是不断发展的，算法也是在解决实际场景问题中不断改进的。那么 PBFT 算法的原理是什么呢？为什么它能在实际场景中落地呢？

11.2　PBFT 算法是如何达成共识的

我们先来看看如何通过 PBFT 算法解决苏秦面临的共识问题。先假设苏秦制定的作战指令是进攻，而楚是叛徒（为了演示方便），如图 11-2 所示。

图 11-2　抗秦队伍中出现了 1 个叛徒楚

需要注意的是，所有的消息都是签名消息，也就是说，消息发送者的身份和消息内容都是无法伪造和篡改的（比如，楚无法伪造一个假装来自赵的消息）。

首先，苏秦联系赵，向赵发送包含作战指令"进攻"的请求，如图 11-3 所示。

图 11-3　苏秦向赵发送作战指令"进攻"

当赵接收到苏秦的请求之后，会执行三阶段协议（Three-phase protocol）。

赵将进入预准备（Pre-prepare）阶段，构造包含作战指令的预准备消息，并广播给其他将军（魏、韩、楚），如图 11-4 所示。

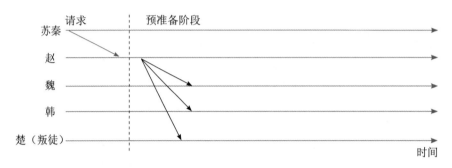

图 11-4　赵将作战指令广播给魏、韩、楚

在这里我想问一个问题：魏、韩、楚收到消息后能直接执行指令吗？

答案是不能，因为他们不能确认自己接收到的指令与其他人接收到的指令是相同的。比如，赵可能是叛徒，赵收到了两个指令，分别是"进攻"和"准备 30 天的粮草"，然后他给魏发送的是"进攻"，给韩、楚发送的是"准备 30 天粮草"，这样就会出现无法一致行动的情况。那么具体怎么办呢？我接着说一说。

接收到预准备消息之后，魏、韩、楚将进入准备（Prepare）阶段，并分别广播包含作战指令的准备消息给其他将军。比如，魏广播准备消息给赵、韩、楚，如图 11-5 所示。为了方便演示，我们假设叛徒楚想通过不发送消息来干扰共识协商（如图 11-5 所示，楚没有发送消息）。

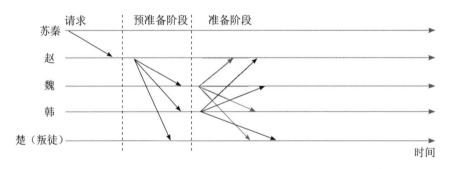

图 11-5　准备阶段，叛徒楚企图通过不发送消息来干扰共识协商

然后，某个将军在收到 2*f* 个（包括自己，其中 *f* 为叛徒数，在我的演示中是 1）一致的包含作战指令的准备消息后，会进入提交（Commit）阶段。在这里，我也给你提一个问题：此时该将军（比如魏）可以直接执行指令吗？

答案还是不能，因为魏不能确认赵、韩、楚是否收到了 2*f* 个一致的包含作战指令的准备消息。也就是说，魏这时无法确认赵、韩、楚是否已经准备好执行作战指令。那么怎么办呢？别着急，咱们继续往下看。

进入提交阶段后，各将军（不包括叛徒楚）分别广播提交消息给其他将军，也就是告诉其他将军，我已经准备好执行指令了，如图 11-6 所示。

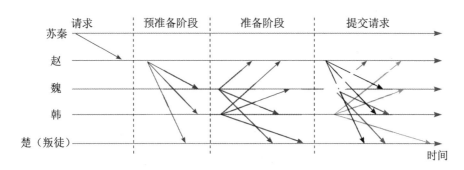

图 11-6　提交阶段，叛徒楚企图通过不发送消息来干扰共识协商

最后，当某个将军收到 2*f*+1（包括自己，其中 *f* 为叛徒数，在我的演示中为 1）个验证通过的提交消息后，也就是大部分的将军已经达成共识，可以执行作战指令了，那么该将军将执行苏秦的作战指令，并在执行完毕后发送执行成功的消息给苏秦，如图 11-7 所示。

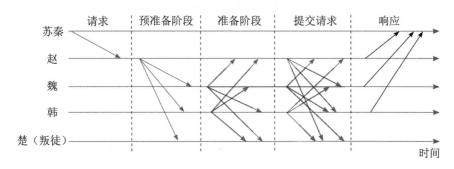

图 11-7　各将军执行作战指令，并返回执行结果给苏秦

最后，当苏秦收到 f+1 个（其中 f 为叛徒数，在我的演示中为 1）相同的响应（Reply）消息时，说明各位将军们已经就作战指令达成了共识，并执行了作战指令。

你看，将军们经过了 3 轮协商，是不是就指定的作战指令达成了共识并执行了作战指令呢？

在这里，苏秦采用的就是**简化版的 PBFT 算法**。在这个算法中：

❑ 可以将赵、魏、韩、楚理解为分布式系统的四个节点，其中赵是主节点（Primary），魏、韩、楚是备份节点（Backup）；
❑ 可以将苏秦理解为业务，也就是客户端；
❑ 可以将消息理解为网络消息；
❑ 可以将作战指令"进攻"理解为客户端提议的值，也就是希望被各节点达成共识并提交给状态机的值。

PBFT 算法是通过签名（或消息认证码 MAC）来约束恶意节点的行为的，也就是说，每个节点都可以通过验证消息签名来确认消息的发送来源，一个节点无法伪造另外一个节点的消息。同时，该算法是基于大多数原则（2f+1）实现共识的。而最终的共识是否达成，是由客户端进行判断的，如果客户端在指定时间内未收到请求对应的 f+1 个相同响应，则认为集群故障，未达成共识，且客户端会重新发送请求。

需要注意的是，PBFT 算法通过视图变更（View Change）的方式来处理主节点作恶行为，当发现主节点在作恶时，该算法会以"轮流上岗"的方式推举新的主节点。

另外，尽管 PBFT 算法相比口信消息型拜占庭之解已经有了很大的优化，如将消息复杂度从 $O(n^{(f+1)})$ 降低为 $O(n^2)$，能在实际场景中落地，以及能解决实际的共识问题等，但 PBFT 还是有一定的局限，如需要发送比较多的消息。以 13 节点的集群（f 为 4）为例，PBFT 算法需要涉及如下消息。

❑ 请求消息：1。
❑ 预准备消息：3f=12。
❑ 准备消息：3f*(3f-f)=96。
❑ 提交消息：(3f-f+1)*(3f+1)=117。
❑ 回复消息：3f-1=11。

也就是说，一次共识协商需要 237 个消息，消息数还是蛮多的，所以推荐在中小型分布式系统中使用 PBFT 算法。

注意

　　PBFT 算法与 Raft 算法类似，也存在一个"领导者"（就是主节点），同样，集群的性能也受限于"领导者"。另外，$O(n^2)$ 的消息复杂度，以及随着消息数的增加，网络时延对系统运行的影响也会越大，这些都限制了运行 PBFT 算法的分布式系统的规模，也决定了 PBFT 算法只适用于中小型分布式系统。

11.3　如何替换作恶的主节点

　　虽然 PBFT 算法可以防止备份节点作恶，因为这个算法是由主节点和备份节点组成的，但是，如果主节点作恶（比如主节点接收到了客户端的请求，但就是默不作声，不执行三阶段协议），那么无论正常节点数有多少，备份节点肯定无法达成共识，整个集群也将无法正常运行。针对这个问题，我们该怎样解决呢？

　　答案是视图变更，也就是通过领导者选举选举出新的主节点，并替换掉作恶的主节点。（其中的"视图"可以理解为领导者任期内不同的视图值对应不同的主节点。比如，视图值为 1 时，主节点为 A；视图值为 2 时，主节点为 B。）

　　需要注意的是，对于领导者模型算法而言，不管是非拜占庭容错算法（比如 Raft 算法），还是拜占庭容错算法（比如 PBFT 算法），领导者选举都是它们实现容错能力非常重要的一环。比如，对 Raft 算法而言，领导者选举实现了领导者节点的容错能力，避免了因领导者节点故障而导致的整个集群不可用的问题。而对 PBFT 算法而言，视图变更，除了能解决主节点故障导致的集群不可用的问题之外，还能解决主节点是恶意节点的问题。

　　既然领导者选举这么重要，那么 PBFT 算法到底是如何实现视图变更的呢？

11.3.1　主节点作恶会出现什么问题

　　在 PBFT 算法中，主节点作恶有如下几种情况：

❏ 主节点接收到客户端请求后不做任何处理，也就是默不作声；

❑ 主节点接收到客户端请求后给不同的预准备请求分配不同的序号；

❑ 主节点只给部分节点发送预准备消息。

需要注意的是，不管出现哪种情况，共识都是无法达成的，也就是说，**如果恶意节点当选了主节点，此时无论忠诚节点数有多少，忠诚节点们都将无法达成共识。**

而这种情况肯定是无法接受的，这就需要我们设计一个机制，在发现主节点可能作恶时，将作恶的主节点替换掉，并保证最终只有忠诚的节点担任主节点。这样，PFBT 算法才能保证当节点数为 3f+1（其中 f 为恶意节点数）时，忠诚的节点们能就客户端提议的指令达成共识，并执行一致的指令。

那么，在 PBFT 算法中，视图变更是如何选举出新的主节点并替换掉作恶的主节点呢？下面来详细说明。

11.3.2　如何替换作恶的主节点

在我看来，视图变更是保证 PBFT 算法稳定运行的关键。当系统运行异常时，客户端或备份节点触发系统的视图变更，通过"轮流上岗"的方式（公式是 $(v+1)\bmod |R|$，**其中 v 为当前视图的值，$|R|$ 为节点数**）选出下一个视图的主节点，最终选出一个忠诚、稳定运行的新主节点，并保证了共识的达成。

为了更好地理解视图变更的原理，我继续以苏秦为例展开讲解。这次，咱们把叛徒楚当作"大元帅"，让它扮演主节点的角色，如图 11-8 所示。

图 11-8　叛徒楚作为主节点

首先，苏秦联系楚，向楚发送包含作战指令"进攻"的请求，如图 11-9 所示。

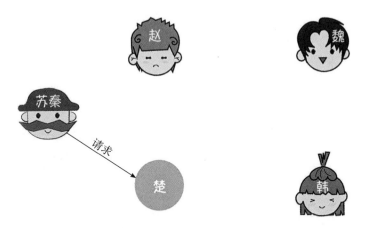

图 11-9　苏秦向楚发送作战指令"进攻"

当楚接收到苏秦的请求之后，为了达到破坏作战计划的目的，它选择默不作声，心想：我就是不执行三阶段协议，不执行你的指令，也不通知其他将军执行你的指令，你能把我怎么办？

结果，苏秦始终没有接收到两个相同的响应消息。待过了约定的时间后，苏秦会认为也许各位将军们出了什么问题。这时苏秦会直接给各位将军发送作战指令，如图 11-10 所示。

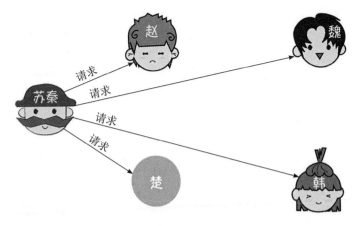

图 11-10　苏秦向所有将军发送作战指令"进攻"

当赵、魏、韩接收到来自苏秦的作战指令时，它们会将作战指令分别发送给楚，并等待一段时间，如果在这段时间内它们仍未接收到来自楚的预准备消息，那么它们就认为楚可能已经叛变了，并发起视图变更（采用"轮流上岗"的方式选出新的大元帅，比如赵），向集群所有节点发送视图变更消息，如图 11-11 所示。

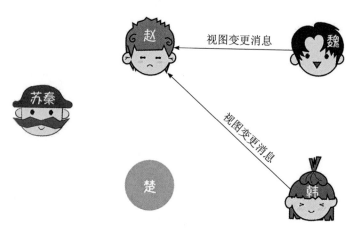

图 11-11　赵发起视图变更

当赵接收到两个视图变更消息后，它就会发送新视图消息给其他将军，告诉大家，我是大元帅了，如图 11-12 所示。

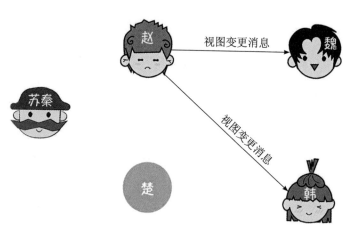

图 11-12　赵发送新视图消息

其他将军在接收到新视图消息后，就认为选出了新的大元帅。然后，忠诚的将军们就可以一致地执行来自苏秦的作战指令了。

你看，叛变的大元帅就这样被发现和替换掉了，而最终大元帅一定是忠诚的。

回到计算机的世界中，我们应该如何理解呢？其实现原理与 11.2 节一样，这里不再赘述。不过为了更全面地理解视图变更，我想补充几点。

首先，当一个备份节点在定时器超时触发了视图变更后，它将暂时停止接收和处理除了检查点（CHECKPOINT）、视图变更、新视图之外的消息。你可以这样理解，这个节点认为现在集群处于异常状态，所以不能再处理客户端请求相关的消息。

其次，除了演示中触发备份节点进行视图变更的情况，下面几种情况也会触发视图变更，列举如下。

- 备份节点发送了准备消息后，在约定的时间内未接收到来自其他节点的 $2f$ 个相同的准备消息。
- 备份节点发送了提交消息后，在约定的时间内未接收到来自其他节点的 $2f$ 个相同的提交消息。
- 备份节点接收到异常消息，比如视图值、序号和已接收的消息相同，但内容摘要不同。

也就是说，视图变更除了能解决主节点故障和作恶的问题，还能避免备份节点长时间阻塞等待客户端请求被执行的情况。

最后需要大家注意的是，Raft 算法的领导者选举和日志提交都是由集群的节点来完成的。但在 PBFT 算法中，客户端参与了拜占庭容错的实现，比如，客户端实现定时器，等待接收来自备份节点的响应，如果等待超时，则发送请求给所有节点。

🔘 **注意**

相比 Raft 算法完全不适应有人作恶的场景，PBFT 算法能容忍 $(n{-}1)/3$ 个恶意节点（也可以是故障节点）。另外，相比 PoW 算法，PBFT 算法的优点是不消耗算力，所以在日常实践中，PBFT 算法比较适用于相对"可信"的场景，比如联盟链。

🐾 **思维拓展**

本章提到，客户端在收到 $f+1$ 个结果时就认为共识达成了，那么为什么这个值不能小于 $f+1$ 呢？

本章还提到 PBFT 算法是通过视图变更来选举出新的主节点的。那么你不妨想想，在视图变更时，集群能否继续处理来自客户端的写请求呢？

11.4 PBFT 算法的局限、解决办法和应用

如同一枚硬件具有正反两面，任何一个算法也会有优缺点，PBFT 算法也不例外。接下来，我将具体说说 PBFT 算法的局限、解决办法，以及实际应用情况。

首先，在一般情况下，每个节点都需要持久化保存状态数据（比如准备消息），以便后续使用。但随着系统运行，数据会越来越多，最终肯定会出现存储空间不足的情况。那么，怎么解决这个问题？

答案是检查点机制。PBFT 算法实现了检查点机制，来定时清理节点缓存在本地但已经不再需要的历史数据（比如预准备消息、准备消息和提交消息），节省了本地的存储空间，且不会影响系统的运行。

其次，我们都知道基于数字签名的加解密非常消耗性能，这也是为什么在一些对加解密要求高的场景中，大家常直接在硬件中实现加解密，比如 IPSEC VPN。如果在 PBFT 算法中，所有消息都是签名消息，那么肯定非常消耗性能，且会极大地制约 PBFT 算法的落地场景。那么，有什么办法优化这个问题呢？

答案是将数字签名和消息验证码（MAC）混合使用。具体来说，在 PBFT 算法中，只有视图变更消息和新视图消息采用签名消息，其他消息则采用消息验证码，这样一来，就可以节省大量加解密的性能开销。

最后，PBFT 算法是一个能在实际场景中落地的拜占庭容错算法，它和区块链也结合紧密，具体有以下几种应用。

1）相对可信、有许可限制的联盟链，比如 Hyperledger Sawtooth。

2）与其他拜占庭容错算法结合来落地公有链。比如 Zilliqa，将 PoW 算法和

PBFT 算法结合起来，实现公有链的共识协商。具体来说，PoW 算法用于认证，证明节点不是"坏人"，PBFT 算法用于实现共识。针对 PBFT 算法消息数过多、不适应大型分布式系统的痛点，Zilliqa 实现了分片（Sharding）技术。

另外，也有团队因为 PBFT 算法消息数过多、不适应大型分布式系统的痛点，放弃使用 PBFT 算法，而是通过法律来约束"节点作恶"的行为，比如 IBM 的 Hyperledger Fabric。技术是发展的，适合的才是最好的。在实际工作中，建议根据场景的可信度来决定是否采用 PBFT 算法，是否改进和优化 PBFT 算法。

11.5　本章小结

本章介绍了口信消息型拜占庭问题之解的局限和 PBFT 实现共识的原理。学完本章，希望大家能明确这样几个重点。

1）PBFT 算法是通过签名（或消息认证码 MAC）来约束恶意节点的行为，同时采用三阶段协议，基于大多数原则达成共识的。另外，与口信消息型拜占庭问题之解（以及签名消息型拜占庭问题之解）不同的是，PBFT 算法实现的是一系列值的共识，而不是单值的共识。

2）客户端通过等待 $f+1$ 个相同响应消息超时来发现主节点可能在作恶，此时客户端会发送客户端请求给所有集群节点，从而触发可能的视图变更。与 Raft 算法在领导者选举期间服务不可用类似，在视图变更时，PBFT 集群也是无法提供服务的。

讲到拜占庭容错，就不得不说比特币，那么比特币是如何防止坏人作恶的呢？这将是我在下一章详细介绍的内容。

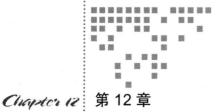

PoW 算法

　　谈起比特币，你应该并不陌生。比特币是基于区块链实现的，而区块链运行在因特网上，这就存在有人试图作恶的情况。学完第 1 章和第 11 章之后，有些读者可能已经发现了，口信消息型拜占庭问题之解、PBFT 算法虽然能防止坏人作恶，但只能防止少数的坏人作恶，也就是 $(n-1)/3$ 个坏人（其中 n 为节点数）。如果区块链也只能防止一定比例的坏人作恶，那就麻烦了，因为坏人可以不断增加节点数，轻松突破 $(n-1)/3$ 的限制。

　　那区块链是如何改进这个问题的呢？答案就是 PoW（Proof of Work，工作量证明）算法。

　　在我看来，区块链是通过工作量证明增加坏人作恶的成本，以此来防止坏人作恶的。比如，如果坏人要发起 51% 攻击，需要控制现网 51% 的算力，成本是非常高昂的。为什么呢？因为根据 CryptoSlate 估算，对比特币进行 51% 算力攻击需要上百亿人民币！

　　为了更好地理解和掌握 PoW 算法，我会详细讲解它的原理和 51% 攻击的本质，希望你在理解 PoW 算法的同时，也能了解 PoW 算法的局限。

　　首先我来说说工作量证明的原理，工作量是如何被证明的。

12.1　如何理解工作量证明

什么是工作量证明呢？你可以这么理解：工作量证明就是一份证明，用来确认你做过一定量的工作。比如，你的大学毕业证书就是一份工作量证明，证明你通过 4 年的努力完成了相关课程的学习。

回到计算机世界就是，客户端需要做一定难度的工作才能得出一个结果，验证方却很容易通过结果来检查客户端是不是做了相应的工作。

比如小李来 BAT 面试，说自己的编程能力很强，那么他需要做一定难度的工作来验证自己的能力（比如做一道编程题）。根据做题结果，面试官可以判断他是否适合这个岗位。你看，小李做一道编程题，面试官核验做题结果，这就是一个现实版的工作量证明。

具体的工作量证明过程如图 12-1 所示。

图 12-1　工作量证明过程

请求方做了一些运算，解决了某个问题，然后把运算结果发送给验证方进行核验；验证方根据运算结果，即可判断请求方是否做了相关的工作。

需要注意的是，这个算法具有不对称性，也就是说，工作对于请求方是有难度的，对于验证方则比较简单，是易于验证的。

既然工作量证明是通过指定的结果来证明自己做过一定量的工作。那么在区块链的 PoW 算法中需要做哪些工作呢？答案是哈希运算。

区块链是通过哈希运算后的结果值证明自己做过了相关工作。为了更好地理解哈希运算，在介绍哈希运算之前，咱们先来聊一聊哈希函数。

哈希函数（Hash Function）也叫散列函数。假设你输入一个任意长度的字符串，哈希函数会计算出一个长度相同的哈希值。假设我们对任意长度字符串（比如geektime）执行 SHA256 哈希运算，就会得到一个 32 字节的哈希值，如代码清单 12-1 所示。

代码清单 12-1　执行 SHA256 哈希运算

```
$ echo -n "geektime" | sha256sum
bb2f0f297fe9d3b8669b6b4cec3bff99b9de596c46af2e4c4a504cfe1372dc52   -
```

那我们如何通过哈希函数进行哈希运算，从而证明工作量呢？这里我举个具体的例子帮助大家理解。

我们给出的工作量要求是，给定一个基本的字符串（比如 geektime），你可以在这个字符串后面添加一个整数值，然后对变更后（添加整数值后）的字符串进行SHA256 哈希运算，如果运算后得到的哈希值（十六进制形式）是以 0000 开头，就表示验证通过。为了达到这个工作量证明的目标，我们需要不停地递增整数值，一个一个地试，并对得到的新字符串进行 SHA256 哈希运算。

按照这个规则，我们需要经过 35 024 次计算才能找到恰好前 4 位为 0 的哈希值，如代码清单 12-2 所示。

代码清单 12-2　执行 SHA256 哈希运算并找到恰好前 4 位为 0 的哈希值

```
"geektime0" =>
01f28c5df06ef0a575fd0e529be9a6f73b1290794762de014ec84182081e118e
"geektime1" =>
a2567c06fdb5775cb1e3ce17b72754cf146fcc6da75c8f1d87d7ab6a1b8c4523
...
"geektime35022" =>
8afc85049a9e92fe0b6c98b02b27c09fb869fbfe273d0ab84ad8c5ac17b8627e
"geektime35023" =>
0000ec5927ba10ea45a6822dcc205050ae74ae1ad2d9d41e978e1ec9762dc404
```

通过这个示例可以看到，经过一段时间的哈希运算后，我们会得到一个符合条件的哈希值。这个哈希值可以用来证明我们的工作量。

这里我也想多说几句，这个规则不是固定的，在实际场景中，你可以根据场景特点制定不同的规则，比如，你可以试试分别运行多少次才能找到恰好前 3 位和前 5

位为 0 的哈希值。

现在，你对工作量证明的原理应该有一定的了解了，那么区块链是如何实现工作量证明的呢？

12.2　区块链是如何实现 PoW 算法的

区块链也是通过 SHA256 来执行哈希运算计算出符合指定条件的哈希值来证明工作量的。因为在区块链中，PoW 算法是基于区块链中的区块信息进行哈希运算的，所以下面我们先来回顾一下区块链的相关知识。

区块链的区块是由区块头、区块体两部分组成的，如图 12-2 所示。

- ❑ 区块头（Block Head）：主要由上一个区块的哈希值、区块体的哈希值、4 字节的随机数（nonce）等组成。
- ❑ 区块体（Block Body）：区块包含的交易数据，其中第一笔交易是 Coinbase 交易，这是一笔激励矿工的特殊交易。

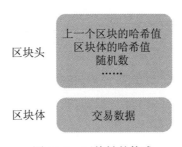

图 12-2　区块链的构成

拥有 80 字节固定长度的区块头就是用于区块链工作量证明的哈希运算中的输入字符串，而且通过双重 SHA256 哈希运算（也就是对 SHA256 哈希运算的结果再执行一次哈希运算）计算出的哈希值只有小于目标值（target）才是有效的，否则哈希值无效，必须重算。

学到这儿你可以看到，区块链是通过对区块头执行 SHA256 哈希运算得到小于目标值的哈希值来证明自己的工作量的。

计算出符合条件的哈希值后,矿工就会把这个信息广播给集群中所有其他节点,待其他节点验证通过后,它们会将这个区块加入自己的区块链中,最终形成一条区块链,如图 12-3 所示。

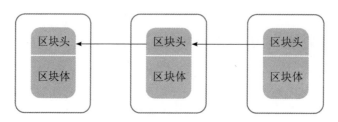

图 12-3 区块头相连并最终形成一条区块链

算力越强,系统大概率会越先计算出这个哈希值。这也就意味着,如果坏人们掌握了 51% 的算力,就可以发起 51% 攻击,比如,实现双花(Double Spending),即同一份钱花两次。

具体来说,如果攻击者掌握了较多的算力,那么他就能挖掘一条比原链更长的攻击链并将攻击链向全网广播,这时,按照约定,节点将接收更长的链,也就是攻击链,丢弃原链,如图 12-4 所示。

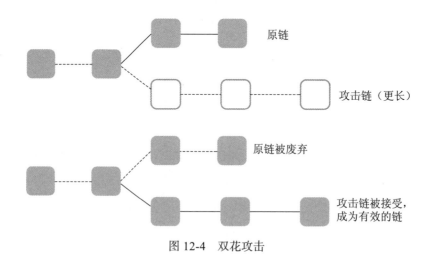

图 12-4 双花攻击

需要注意的是,即使攻击者只有 30% 的算力,他也有可能连续计算出多个区块的哈希值，挖掘出更长的攻击链，发动攻击。另外，即使攻击者拥有 51% 的算力，他也有可能半天无法计算出一个区块的哈希值，即攻击失败。也就是说，能否计算出符合条件的哈希值有一定的概率性，但长久来看，攻击者攻击成功的概率等同于攻击者算力的权重。

思维拓展

　　本章提到了如何通过计算得到 "0000" 开头的哈希值来实现工作量证明，那么你不妨思考下，如果查找以更多 "0" 开头的哈希值，比如 "00000000"，工作量是增加了还是减少了？为什么？

12.3　本章小结

　　本章主要讲解了 PoW 算法的原理和 51% 攻击。学习完本章，希望大家能明确这样几个重点。

　　1）在比特币的区块链中，PoW 算法是通过 SHA256 哈希运算计算出符合指定条件的哈希值来证明工作量的。

　　2）51% 攻击的本质是因为比特币的区块链约定了 "最长链胜出，其他节点在这条链基础上扩展"，所以攻击者可以通过优势算力实现对最长链的争夺。

　　3）除了通过 PoW 算法增加坏人作恶的成本，比特币还通过 "挖矿得币" 奖励好人，最终保持了整个系统的稳定运行。

　　另外，因为拜占庭容错算法（比如 PoW 算法、PBFT 算法）能容忍一定比例的作恶行为，所以它在相对开放的场景中应用广泛，比如公链、联盟链。非拜占庭容错算法（比如 Raft 算法）无法对作恶行为进行容错，主要用于封闭、绝对可信的场景中，比如私链、公司内网的 DevOps 环境。希望大家能准确理解两类算法之间的差异，根据场景特点，选择合适的算法，保障业务高效、稳定的运行。

　　至此，我们已经学完了协议和算法的理论知识。为了帮助大家更好地理解这些协议和算法，能学以致用，并真正掌握分布式系统的开发技巧，在接下来的 3 章中，我将结合 3 个实例详细介绍 Raft 等算法在实际项目中是如何使用的、如何开发一个实际的分布式系统等。

实战篇

学习了前面 12 章的内容后，我们了解了很多常用的理论和算法（比如 CAP 定理、Raft 算法等）。是不是理解了这些内容，我们就能够游刃有余地处理实际系统的问题了呢？

在我看来，这还远远不够，因为理论和实践的中间是存在鸿沟的。比如你可能有这样的感受，说起编程语言的语法或者分布式算法的论文时头头是道，但在遇到实际系统时，你还是无法写程序，开发分布式系统。

我认为，实战是学习的最终目的。为了更好地掌握前面的理论和算法，接下来，我将分别以 InfluxDB 企业版一致性实现、Hashicorp Raft、基于 Raft 算法的 KV 系统开发实战为例，带你了解如何在实战中使用技术，掌握分布式系统开发的实战能力。

Chapter 13 第 13 章

InfluxDB 企业版一致性实现剖析

为了使你更好地掌握前面的理论和算法，我将以 InfluxDB 企业版为例，带你看一看系统是如何实现一致性的。有的读者可能会问：为什么是 InfluxDB 企业版呢？因为它是排名第一的时序数据库，相比其他分布式系统（比如 KV 存储），它更加复杂，要分别设计两个完全不一样的一致性模型。当你理解了这个复杂的系统实现后，就能更加得心应手地处理简单系统的问题了。

为了达到这个目的，我会先介绍一下时序数据库的背景知识，因为技术是用来解决实际场景的问题的，正如我之前常说的**"要根据场景特点，权衡折中来设计系统"**。

13.1 什么是时序数据库

你可以这么理解，时序数据库就是存储时序数据的数据库，就像 MySQL 是存储关系型数据的数据库。而时序数据就是按照时间顺序记录系统、设备状态变化的数据，比如 CPU 利用率、某一时间的环境温度等，如代码清单 13-1 所示。

代码清单 13-1　记录 CPU 利用率的时序数据

```
> insert cpu_usage,host=server01,location=cn-sz user=23.0,system=57.0
```

```
> select * from cpu_usage
name: cpu_usage
time                    host        location system user
----                    ----        -------- ------ ----
1557834774258860710 server01 cn-sz     55     25
>
```

在我看来，时序数据最大的特点是数据量很大，可以不夸张地说是海量的。时序数据主要来自监控（监控被称为业务之眼），而且在不影响业务运行的前提下，监控埋点越多越好，这样才能及时发现问题、复盘故障。

那么作为时序数据库，InfluxDB 企业版的架构是什么样子的呢？它是由 META 节点和 DATA 节点两个逻辑单元组成的架构，且 META 节点和 DATA 节点是两个单独的程序。你也许会问，为什么不能合成到一个程序呢？答案是场景不同。

META 节点存放的是系统运行的关键元信息，比如数据库（Database）、表（Measurement）、保留策略（Retention Policy）等。它的特点是一致性敏感，但读写访问量不高，需要一定的容错能力。

DATA 节点存放的是具体的时序数据。它的特点包括最终一致性、面向业务、性能越高越好。除了容错能力，DATA 节点还需要实现水平扩展、扩展集群的读写能力。

对于 META 节点来说，节点数代表的是容错能力，一般 3 个节点就可以了，因为从实际系统运行情况来看，它能容忍 1 个节点故障即可。但对于 DATA 节点来说，节点数代表的是读写性能，一般而言，在一定数量以内（比如 10 个节点），节点数越多越好，因为节点数越多，读写性能也越高，但节点数量太多也不行，因为查询时会出现访问节点数过多而延迟大的问题。

所以，基于不同场景特点的考虑，2 个节点各用 1 个单独程序更合适。如果 META 节点和 DATA 节点合并为一个程序，假设我们因读写性能需要设计了一个 10 节点的 DATA 节点集群，这就意味着 META 节点集群（Raft 集群）也是 10 个节点，但在学习了 Raft 算法之后，我们知道，这会出现消息数多、日志提交慢的问题，肯定是不可行的。（对 Raft 日志复制不了解的读者，可以回顾一下第 4 章。）

现在你了解时序数据库以及 InfluxDB 企业版的 META 节点和 DATA 节点了吧？那么如何实现 META 节点和 DATA 节点的一致性呢？

13.2 如何实现 META 节点一致性

想象一下，如果 META 节点存放的是系统运行的关键元信息，那么当写操作发生后，系统就要立即读取到最新的数据。比如，我们创建了数据库 telegraf，如果有的 DATA 节点不能读取到这个最新信息，就会导致相关的时序数据写失败，这肯定是不行的。

所以，META 节点需要强一致性，实现 CAP 中的 CP 模型（对 CAP 理论不熟悉的读者，可以先回顾下第 2 章）。

那么，InfluxDB 企业版是如何实现的呢？

因为 InflxuDB 企业版是闭源的商业软件，通过官方文档⊖，我们可以知道它是通过使用 Raft 算法来实现 META 节点一致性（一般推荐 3 节点的集群配置）的。

13.3 如何实现 DATA 节点一致性

我们刚刚提到，DATA 节点存放的是具体的时序数据，对一致性要求不高，所以只要实现最终一致性就可以了。但是，DATA 节点也在同时作为接入层直接面向业务，考虑到时序数据的量很大，要实现水平扩展，就必须选用 CAP 中的 AP 模型。AP 模型不像 CP 模型那样采用一个算法（比如 Raft 算法）就可以实现，也就是说，AP 模型更复杂，具体实现步骤如下。

13.3.1 自定义副本数

首先，你需要考虑冗余备份，也就是同一份数据可能需要设置为多个副本，从而在部分节点出问题时，保证系统仍然能读写数据，正常运行。

那么，该如何设置副本呢？答案是实现自定义副本数。具体内容可参见 8.2 节，这里不再赘述。不过我想补充一点，相比 Raft 算法的节点数和副本数必须一一对应，即集群中有多少个节点就必须有多少个副本，自定义副本数是不是更灵活呢？

学到这里，有读者可能已经想到了，当集群支持多副本时，如果一个节点通过

⊖ https://docs.influxdata.com/enterprise_influxdb/v1.7/concepts/clustering/#architectural-overview。

RPC 访问另一个节点执行写操作时，由于网络故障等原因导致写操作失败了，那么我们应该怎样解决这个问题呢？

13.3.2　Hinted-handoff

当一个节点接收到写请求时，它需要将写请求中的数据转发一份到其他副本所在的节点上，那么在这个过程中，远程 RPC 通信是可能会失败的，比如网络不通、目标节点宕机等，如图 13-1 所示。

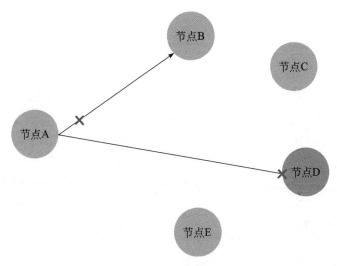

图 13-1　节点 A 与节点 B、节点 D RPC 通信失败

那么如何处理这种情况呢？答案是实现 Hinted-handoff。在 InfluxDB 企业版中，Hinted-handoff 是这样实现的：

- ❑ 写失败的请求会缓存到本地硬盘上；
- ❑ 周期性地尝试重传；
- ❑ 相关参数信息，比如缓存空间大小（max-size）、缓存周期（max-age）、尝试间隔（retry-interval）等，是可配置的。

这里我想补充一点，除了网络故障、节点故障外，在实际场景中，临时的突发流量也会导致系统过载，出现 RPC 通信失败的情况，这时也需要用到

Hinted-handoff。

虽然 Hinted-handoff 可以通过重传的方式来处理数据不一致的问题，但当写失败请求的数据大于本地缓存空间时，比如某个节点长期故障，写请求的数据还是会丢失的，导致最终节点的数据不一致，那么如何实现数据的最终一致性呢？可以利用反熵。

13.3.3 反熵

时序数据虽然一致性不敏感，能容忍短暂的不一致，但如果查询的数据长期不一致，就肯定不可行，因为这样就会出现 Flapping Dashboard 的现象，即在不同的节点查询相同的数据时，生成的仪表盘视图不一样，如图 13-2 所示。

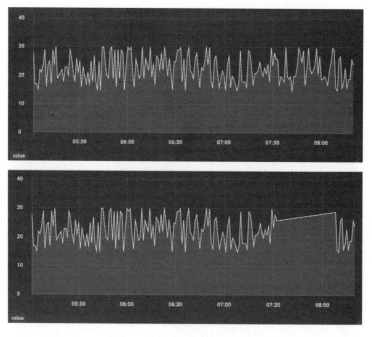

图 13-2　Flapping Dashboard

从图 13-2 中的两个监控视图可以看到，针对同一份数据，不同的节点上存放的数据副本不同，查询时生成的视图是不一样的。那么，如何实现最终一致性呢？

答案是反熵。7.2 节以自研 InfluxDB 系统为例介绍过反熵的实现，InfluxDB 企业版与之类似，这里不再赘述。

　　不过有的读者可能会有这样的疑问：实现反熵以什么为准来修复数据的不一致呢？时序数据像日志数据一样，创建后就不会再修改，一直存放在那里，直到被删除。所以，数据副本之间数据不一致的原因是数据写失败导致数据丢失，**也就是说，存在的都是合理的，缺失的就是需要修复的**。这时我们可以采用两两对比、添加缺失数据的方式来修复各数据副本的不一致。

13.3.4　Quorum NWR

　　最后，有读者可能会说，我要在公司官网上展示的监控数据的仪表板（Dashboard）是不能容忍视图不一致的情况的，也就是无法容忍任何 Flapping Dashboard 现象，该怎么办呢？这时我们就要实现强一致性（Werner Vogels 提到的强一致性），也就是每次读操作都要能读取最新数据，而不能读到旧数据。

　　那么在一个 AP 型的分布式系统中，如何实现强一致性呢？

　　答案是 Quorum NWR。同样，关于 Quorum NWR 的实现已经在 8.2 节介绍过，这里不再赘述。

　　另外，通过上面的实现可以看到，实现 AP 型分布式系统比实现 CP 型分布式系统要复杂得多。技术是用来满足场景需求的，没有十全十美的技术，在实际工作中，我们需要深入研究场景特点，提炼场景需求，然后根据场景特点权衡折中，设计出适合该场景特点的分布式系统。

📡 **注意**

　　技术是用来解决场景需求的，你只有吃透技术，深刻理解场景的需求，才能开发出适合这个场景的分布式系统。另外，InfluxDB 企业版一年的 License 费用高达 1.5 万美元，为什么它值这个价钱？就是因为技术带来的高性能和成本优势，具体列举如下。

　　❑ 相比 OpenTSDB，InfluxDB 的写性能是它的 9.96 倍，存储效率是它的 8.69 倍，查询效率是它的 7.38 倍。

　　❑ 相比 Graphite，InfluxDB 的写性能是它的 12 倍，存储效率是它的 6.3 倍，查询效率是它的 9 倍。

❑ 而数倍或者数量级的性能优势其实就是钱，而且业务规模越大，省钱效果越突出。

另外，传统的时序数据库不仅性能低，而且在海量数据场景下，接入和查询的痛点突出。为了缓解这些痛点，我们引入和堆砌了更多的开源软件，比如：

❑ 引入 Kafka 来缓解因突发接入流量导致的丢数据问题；

❑ 引入 Storm、Flink 来缓解时序数据库计算性能差的问题；

❑ 做热数据的内存缓存来解决查询超时的问题。

这就导致成本痛点非常突出。所以，我反对堆砌开源软件，建议谨慎引入Kafka 等缓存中间件。通常，在计算机中，任何问题都可以通过引入一个中间层来解决。这句话是正确的，但背后的成本是不容忽视的，尤其是在海量系统中。我的建议是直面问题，通过技术手段在代码和架构层面解决它，而不是引入和堆砌更多的开源软件。

思维拓展

本章提到没有十全十美的技术，而是需要根据场景特点权衡折中，设计出适合场景特点的分布式系统。那么你试着思考一下，假设有这样一个存储系统，访问它的写请求不多（比如 1KB QPS），但访问它的读请求很多（比如 1MB QPS），而且客户端查询对数据的一致性敏感，也就是需要实现强一致性，那么我们该如何设计这个系统呢？为什么呢？

13.4　本章小结

本章主要讲解了时序数据库以及 META 节点与 DATA 节点一致性的实现。书中以一个复杂的实际系统为例，将前面学习到的理论串联起来，让你知道如何在实际场景中使用它们。学完本章，希望大家能明确如下重点。

1）CAP 理论是一把尺子，能辅助我们分析问题、总结归纳问题，指导我们如何做妥协折中。所以，建议你在实践中多研究、多思考，要根据场景特点活学活用技术。

2）通过 Raft 算法，我们能实现强一致性的分布式系统，能保证写操作完成后，后续所有的读操作都能读取到最新的数据。通过自定义副本数、Hinted-handoff、反熵、Quorum NWR 等技术，我们能实现 AP 型分布式系统，还能通过水平扩展高效扩展集群的读写能力。

学到这里，相信你已经了解了实际系统是如何使用分布式协议和算法的，也对如何实际开发一个分布式系统充满了好奇。那么，接下来我将以 Hashicorp Raft 为例，详细介绍 Raft 算法的实现和 Hashicorp Raft 的使用，为我们开发分布式 KV 系统做准备。

Chapter 14 第 14 章

Hashicorp Raft

很多读者在开发系统的时候都会有这样的感觉：明明看了很多资料，掌握了技术背后的原理，可在开发和调试的时候还是很吃力，这是为什么呢？

答案很简单，因为理论和实践本来就是两回事，实践不仅需要掌握 API 接口的用法，还需要理解 API 背后的代码实现。

所以，在使用 Raft 开发分布式系统的时候，仅仅阅读 Raft 论文或者 Raft 实现的 API 手册是远远不够的，你还要吃透 API 背后的代码实现，"不仅知其然，也要知其所以然"，这样才能"一切尽在掌握中"，从而开发出能够稳定运行的分布式系统。那么怎样做才能吃透 Raft 的代码实现呢？

要知道，任何 Raft 算法实现都承载了两个目标：实现 Raft 算法的原理，设计易用的 API 接口。所以，你不仅要从算法原理的角度理解代码实现，还要从场景使用的角度理解 API 接口的用法。

在本章，我会从代码实现和接口使用两个角度，带你循序渐进地掌握当前流行的一个 Raft 实现：Hashicorp Raft[⊖]（以最新稳定版 v1.1.1 为例）。希望你在这个过程中集中注意力，勾画重点，以便提高学习效率，吃透原理对应的技术实现，彻底掌握 Raft 算法的实战技巧。

⊖ https://github.com/hashicorp/raft/tree/v1.1.1。

14.1　如何跨过理论和代码之间的鸿沟

首先，我们从算法原理的角度，聊一聊 Raft 算法的核心功能（领导者选举和日志复制）在 Hashicorp Raft 中是如何实现的。关于 Raft 算法的原理，可以回顾一下第 4 章的内容。

在我看来，**阅读源码的关键在于找到代码的入口函数**，比如在 Go 语言代码中，程序的入口函数一般为 main() 函数，那么领导者选举的入口函数是哪个呢？

14.1.1　Hashicorp Raft 如何实现领导者选举

我们知道，典型的领导者选举在本质上是节点状态的变更。具体到 Hashicorp Raft 源码，领导者选举的入口函数 run() 在 raft.go 中是以一个单独的协程运行来实现节点状态变迁的，如代码清单 14-1 所示。

代码清单 14-1　领导者选举的入口函数 run()

```go
func (r *Raft) run() {
    for {
        select {
        // 关闭节点
        case <-r.shutdownCh:
            r.setLeader("")
            return
        default:
        }

        switch r.getState() {
        // 跟随者
        case Follower:
            r.runFollower()
        // 候选人
        case Candidate:
            r.runCandidate()
        // 领导者
        case Leader:
            r.runLeader()
        }
    }
}
```

从代码清单 14-1 中可以看到,Follower(跟随者)、Candidate(候选人)、Leader(领导者)3 个节点状态对应的功能都被抽象成一个函数,分别是 runFollower()、runCandidate() 和 runLeader()。

1. 数据结构

在 5.1.1 节中,我们先学习了节点状态,不过主要侧重于理解节点状态的功能作用(比如,跟随者相当于普通群众,领导者相当于霸道总裁),并没有关注它在实际代码中的实现,所以下面我们先来看看 Hashicorp Raft 是如何实现节点状态的。

节点状态相关的数据结构和函数是在 state.go 中实现的。跟随者、候选人和领导者的 3 个状态都是由 RaftState 定义的一个无符号 32 位的只读整型数值(uint32),如代码清单 14-2 所示。

代码清单 14-2　节点状态的定义

```
type RaftState uint32
const (
    // 跟随者
    Follower RaftState = iota
    // 候选人
    Candidate
    // 领导者
    Leader
    // 关闭状态
    Shutdown
)
```

需要注意的是,**也存在一些需要使用字符串格式的节点状态的场景(比如日志输出)**,这时你可以使用 RaftState.String() 函数。

你应该还记得,每个节点都有属于本节点的信息(比如任期编号),那么在代码中如何实现这些信息呢?这就要用到 raftState 数据结构了。

raftState 属于结构体类型,是表示节点信息的一个大数据结构,它包含只属于本节点的信息,比如节点的当前任期编号、最新提交的日志项的索引值、存储中最新日志项的索引值和任期编号、当前节点的状态等,如代码清单 14-3 所示。

代码清单 14-3　节点信息

```
type raftState struct {
    // 当前任期编号
    currentTerm uint64

    // 最大被提交的日志项的索引值
    commitIndex uint64

    // 最新被应用到状态机的日志项的索引值
    lastApplied uint64

    // 存储中最新的日志项的索引值和任期编号
    lastLogIndex uint64
    lastLogTerm  uint64

    // 当前节点的状态
    state RaftState

    ......
}
```

在分布式系统中要实现领导者选举，除了要定义节点状态与节点信息之外，更重要的是要实现 RPC 消息，因为领导者选举的过程就是一个 RPC 通信的过程。

Raft 算法支持多种 RPC 消息（比如请求投票 RPC 消息、日志复制 RPC 消息），所以接下来我们看一看 Hashicorp Raft 是如何实现 RPC 消息的。考虑到一个 RPC 消息中最重要的部分就是消息的内容，所以我们先来看一看 RPC 消息对应的数据结构。

RPC 消息相关的数据结构是在 commands.go 中定义的，比如，日志复制 RPC 的请求消息对应的数据结构为 AppendEntriesRequest。而 AppendEntriesRequest 是一个结构体类型，它包含 Raft 算法中约定的字段，列举如下。

❑ Term：当前任期编号。

❑ PrevLogEntry：表示当前要复制的日志项前面一条日志项的索引值。

❑ PrevLogTerm：表示当前要复制的日志项前面一条日志项的任期编号。

❑ Entries：新日志项。

具体的结构信息如代码清单 14-4 所示。

代码清单 14-4 日志复制 RPC 的请求消息

```
type AppendEntriesRequest struct {
    // 当前任期编号和领导者信息 (包括服务器 ID 和地址信息)
    Term    uint64
    Leader  []byte

    // 当前要复制的日志项前面一条日志项的索引值和任期编号
    PrevLogEntry uint64
    PrevLogTerm  uint64

    // 新日志项
    Entries []*Log

    // 领导者节点上已提交的日志项的最大索引值
    LeaderCommitIndex uint64
}
```

建议采用上面的思路，对照着算法原理去学习其他 RPC 消息的实现，这里不再赘述。感兴趣的读者可以自行查阅相关信息。

现在，你已经了解了节点状态和 RPC 消息的格式，下一步，我们看看在 Hashicorp Raft 中是如何进行领导者选举的。

2. 选举领导者

首先，在初始状态下，集群中所有的节点都处于跟随者状态，runFollower() 函数的运行逻辑如图 14-1 所示。

我们走一遍这 5 个步骤，以便加深印象。

1）根据配置中的心跳超时时长，调用 randomTimeout() 函数来获取一个随机值，用以设置心跳超时时间间隔。

2）进入 for 循环，通过 select 实现多路 IO 复用，周期性地获取和处理消息。如果步骤 1 中设置的心跳超时时间间隔超时，则执行步骤 3。

3）如果等待心跳信息未超时，则执行步骤 4；如果等待心跳信息超时，则执行步骤 5。

4）执行 continue 语句，开始一次新的 for 循环。

5）设置节点状态为候选人，并退出 runFollower() 函数。

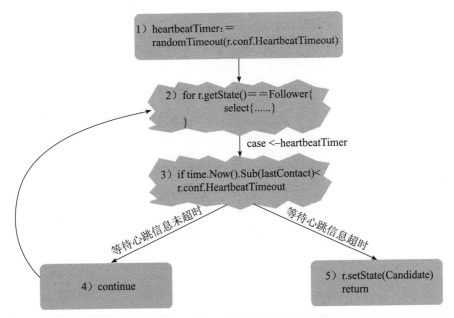

图 14-1　runFollower() 函数的运行逻辑

当节点推举自己为候选人之后，runCandidate() 函数开始执行，其运行逻辑如图 14-2 所示。

同样，我们走一遍这个过程，加深一下印象。

1）首先调用 electSelf() 发起选举，给自己投一张选票，并向其他节点发送请求投票 RPC 消息，请求它们选举自己为领导者。然后调用 randomTimeout() 函数获取一个随机值，设置选举超时时间。

2）进入 for 循环，通过 select 实现多路 IO 复用，周期性地获取消息和处理。如果发生了选举超时，则执行步骤 3；如果得到了投票信息，则执行步骤 4。

3）发现选举超时，退出 runCandidate() 函数，然后再重新执行 runCandidate() 函数，发起新一轮的选举。

4）如果候选人在指定时间内赢得了大多数选票，那么候选人将当选为领导者，调用 setState() 函数，将自己的状态变更为领导者，并退出 runCandidate() 函数。

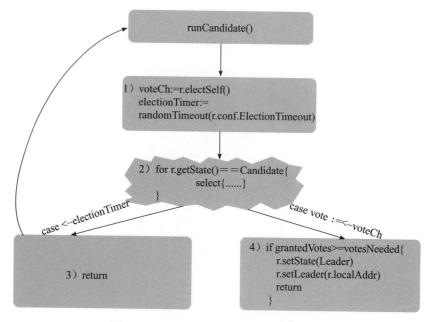

图 14-2　runCandidate() 函数的运行逻辑

当节点当选为领导者后，runLeader() 函数开始执行，其运行逻辑如图 14-3 所示。

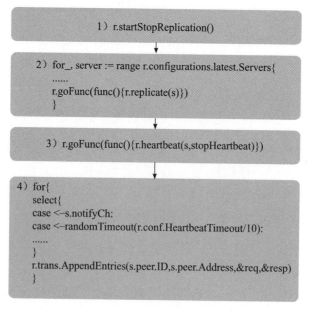

图 14-3　runLeader() 函数的运行逻辑

整个过程主要有 4 个步骤，分析如下。

1）调用 startStopReplication()，执行日志复制功能。

2）然后启动新的协程，调用 replicate() 函数，执行日志复制功能。

3）接着在 replicate() 函数中启动一个新的协程，调用 heartbeat() 函数，执行心跳功能。

4）在 heartbeat() 函数中，周期性地发送心跳信息，通知其他节点：我是领导者，我还活着，不需要你们发起新的选举。

其实，在 Hashicorp Raft 中实现领导者选举并不难，你只要充分理解上述步骤，并记住领导者选举的本质是节点状态变迁，跟随者、候选人、领导者对应的功能函数分别为 runFollower()、runCandidate()、runLeader() 即可。

14.1.2　Hashicorp Raft 如何复制日志

前面 4.2 节提到日志复制非常重要，因为 Raft 算法是基于强领导者模型和日志复制最终实现强一致性的。那么我们应该如何学习日志复制的代码实现呢？与学习"如何实现领导者选举"一样，我们需要先了解日志相关的数据结构，阅读日志复制相关的代码。

我们知道，日志复制是由领导者发起的，由跟随者来接收，所以领导者复制日志和跟随者接收日志的入口函数应该分别在 runLeader() 和 runFollower() 函数中调用。

❑ 领导者复制日志的入口函数为 startStopReplication()，它在 runLeader() 中以 r.startStopReplication() 形式被调用，作为一个单独的协程运行。

❑ 跟随者接收日志的入口函数为 processRPC()，它在 runFollower() 中以 r.processRPC(rpc) 形式被调用，用于处理日志复制 RPC 消息。

不过，在分析日志复制的代码实现之前，咱们先来聊聊日志相关的数据结构，以便更好地理解代码实现。

1. 数据结构

4.2.1 节提到，一个日志项主要包含 3 种信息，分别是指令、索引值、任期编号，而在 Hashicorp Raft 实现中，日志对应的数据结构和函数接口是在 log.go 中实现的，其中，日志项对应的数据结构是结构体类型的，如代码清单 14-5 所示。

代码清单 14-5 日志项的实现

```
type Log struct {
    // 索引值
    Index uint64

    // 任期编号
    Term uint64

    // 日志项类别
    Type LogType

    // 指令
    Data []byte

    // 扩展信息
    Extensions []byte
}
```

这里强调一下，与协议中的定义不同，日志项对应的数据结构中包含 LogType 和 Extensions 两个额外的字段。

❑ LogType 可用于标识不同用途的日志项，比如，使用 LogCommand 标识指令对应的日志项，使用 LogConfiguration 标识成员变更配置对应的日志项。

❑ Extensions 可用于在指定日志项中存储一些额外的信息。这个字段使用较少，在调试等场景中可能会用到，简单了解即可。

介绍完日志复制对应的数据结构后，我们分步骤看一下在 Hashicorp Raft 中如何实现日志复制。

2. 领导者复制日志

日志复制是由领导者发起，在 runLeader() 函数中执行的，主要分为以下几个步骤，如图 14-4 所示。

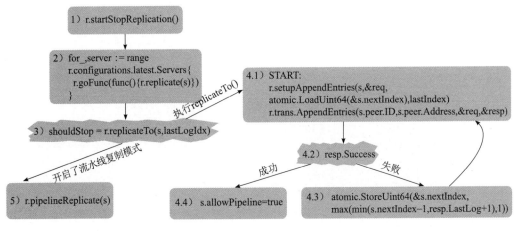

图 14-4　日志复制

1）在 runLeader() 函数中，调用 startStopReplication() 函数执行日志复制功能。

2）启动一个新协程，调用 replicate() 函数执行日志复制相关的功能。

3）在 replicate() 函数中，调用 replicateTo() 函数执行步骤 4，如果开启了流水线复制模式，执行步骤 5。

4）在 replicateTo() 函数中，进行日志复制和日志一致性检测，如果日志复制成功，则设置 s.allowPipeline=true，开启流水线复制模式。

5）调用 pipelineReplicate() 函数，采用更高效的流水线方式进行日志复制。

这里强调一下，对于在什么条件下开启流水线复制模式，很多读者可能会感到困惑，因为代码逻辑有点儿绕。你可以这么理解，在不需要进行日志一致性检测，且复制功能已正常运行的时开启流水线复制模式，目标是在环境正常的情况下，提升日志复制性能，如果在日志复制过程中出错了，就进入 RPC 复制模式，继续调用 replicateTo() 函数进行日志复制。

3. 跟随者接收日志

在领导者复制完日志后，跟随者会接收并处理日志。跟随者接收和处理日志是在 runFollower() 函数中执行的，具体步骤如图 14-5 所示。

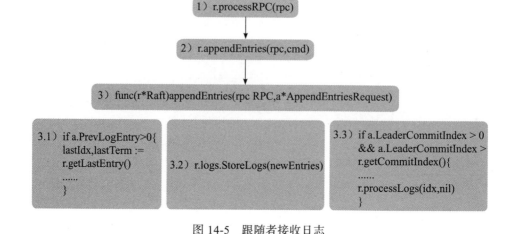

图 14-5　跟随者接收日志

1）在 runFollower() 函数中，调用 processRPC() 函数处理接收到的 RPC 消息。

2）在 processRPC() 函数中，调用 appendEntries() 函数处理接收到的日志复制 RPC 请求。

3）appendEntries() 函数是跟随者处理日志的核心函数。在步骤 3.1 中，比较日志一致性；在步骤 3.2 中，将新日志项存放在本地；在步骤 3.3 中，根据领导者最新提交的日志项索引值计算当前需要应用的日志项，并应用到本地状态机。

讲到这儿，你应该已经了解日志复制的代码实现了吧！关于 Raft 算法原理的代码实现的更多内容，你可以通过继续阅读源码来学习。

📢 **注意**

关于如何高效地阅读源码，我还想多说一点儿。在我看来，高效阅读源码的关键在于抓住重点，要有"底线"，不要芝麻和西瓜一把抓，什么都想要，最终陷入枝节琐碎的细节中出不来。什么是重点呢？我认为重点是数据结构和关键的代码执行流程，比如在 Hashicorp Raft 源码中，日志项对应的数据结构、RPC 消息对应的数据结构、选举领导者的流程、日志复制的流程等就是重点。

有的读者可能还有疑问：在阅读源码的时候，如果遇到不是很明白的代码，该怎么办呢？可以通过打印日志或 GDB 单步调试的方式，查看上下文中的变量的内容、代码执行逻辑等来帮助理解。

14.2　如何以集群节点为中心使用 API

学习完前面的内容，相信有的读者已经跃跃欲试，想自行实践 Hashicorp Raft。不过，也有一些读者反馈，即使自己阅读了相关文档，仍感觉有些不知所措，不知道如何使用这些函数。

这似乎是一个共性的问题，在我看来，之所以出现这个问题，是因为文档里虽然提到了 API 的功能，但并没有介绍如何在实际场景中使用这些 API，每个 API 都是孤立的点，缺乏一些场景化的线将它们串联起来。

所以，为了帮你更好地理解并实践 Hashicorp Raft 的 API 接口，我以 "集群节点" 为核心，通过创建、增加、移除集群节点、查看集群节点状态这 4 个典型的场景，具体聊一聊在 Hashicorp Raft 中，我们能够通过哪些 API 接口满足这些场景的功能需求，进而一步一步、循序渐进地彻底吃透 Hashicorp Raft 的 API 接口的用法。

我们知道，开发并实现一个 Raft 集群时，首先要做的第一件事就是创建 Raft 节点，那么在 Hashicorp Raft 中如何创建节点呢？

14.2.1　如何创建 Raft 节点

在 Hashicorp Raft 中，你可以通过 NewRaft() 函数来创建 Raft 节点。注意，NewRaft() 是非常核心的函数，是 Raft 节点的抽象实现。NewRaft() 函数的原型如代码清单 14-6 所示。

代码清单 14-6　NewRaft() 函数的原型

```
func NewRaft(
    conf *Config,
    fsm FSM,
    logs LogStore,
    stable StableStore,
    snaps SnapshotStore,
    trans Transport) (*Raft,error)
```

从代码清单 14-6 中可以看到，NewRaft() 函数有以下几种类型的参数。

❑ Config：节点的配置信息。

❑ FSM：有限状态机。

❑ LogStore：用来存储 Raft 的日志。

❑ StableStore：稳定存储，用来存储 Raft 集群的节点信息等。

❑ SnapshotStore：快照存储，用来存储节点的快照信息。

❑ Transport：Raft 节点间的通信通道。

这 6 种类型的参数决定了 Raft 节点的配置、通信、存储、状态机操作等核心信息，所以我会详细介绍如何创建这些参数信息。

Config 是节点的配置信息，可通过函数 DefaultConfig() 来创建默认配置信息，然后按需修改对应的配置项。一般情况下，使用默认配置项就可以了。不过，有时你可能需要根据实际场景调整配置项，列举如下。

❑ 在生产环境中部署时，你可以将 LogLevel 从 DEBUG 调整为 WARM 或 ERROR；

❑ 在部署环境出现网络拥堵时，你可以适当地调大 HeartbeatTimeout 的值，比如从 1 s 调整为 1.5 s，以避免频繁的领导者选举。

那么 FSM 又是什么呢？它是一个 interface 类型的数据结构，借助 Go 语言接口的泛型编程能力，使得应用程序可以实现自己的 Apply(*Log)、Snapshot()、Restore(io.ReadCloser) 3 个函数，分别实现将日志应用到本地状态机、生成快照和根据快照恢复数据的功能。FSM 是日志处理的核心实现，原理比较复杂，不过它不是本节内容的重点，所以这里你只需要知道这 3 个函数即可，具体会在 14.2 节讲解。

第 3 个参数 LogStore 存储的是 Raft 日志，你可以用 raft-boltdb⊖ 来实现底层存储，以持久化存储数据。raft-boltdb 是 Hashicorp 团队专门为 Hashicorp Raft 持久化存储而开发设计的，使用广泛，打磨充分。具体用法如代码清单 14-7 所示：

⊖ https://github.com/hashicorp/raft-boltdb。

代码清单 14-7　LogStore 采用 raft-boltdb 来实现底层存储

```
logStore,err := raftboltdb.NewBoltStore(filepath.Join(raftDir,"raft-
log.db"))
```

NewBoltStore() 函数只支持一个参数，也就是文件路径。

第 4 个参数 StableStore 存储的是节点的关键状态信息，比如当前任期编号、最新投票时的任期编号等，同样，你也可以采用 raft-boltdb 来实现底层存储，以持久化存储数据，如代码清单 14-8 所示。

代码清单 14-8　StableStore 采用 raft-boltdb 来实现底层存储

```
stableStore,err := raftboltdb.NewBoltStore(filepath.
Join(raftDir,"raft-stable.db"))
```

第 5 个参数 SnapshotStore 存储的是快照信息，也就是压缩后的日志数据。Hashicorp Raft 中提供了 3 种快照存储方式，列举如下。

❏ DiscardSnapshotStore：不存储，忽略快照，相当于 /dev/null，一般用于测试。
❏ FileSnapshotStore：文件持久化存储。
❏ InmemSnapshotStore：内存存储，不持久化，重启程序后，数据会丢失。

在生产环境中，建议采用 FileSnapshotStore 方式实现快照，因为使用文件持久化存储，可避免因程序重启而导致的快照数据丢失。具体代码实现如代码清单 14-9 所示：

代码清单 14-9　采用 FileSnapshotStore 方式实现快照

```
snapshots,err := raft.NewFileSnapshotStore(raftDir,retainSnapshotCoun
t,os.Stderr)
```

NewFileSnapshotStore() 函数支持 3 个参数，包括存储路径（raftDir）、需要保留的快照副本的数量（retainSnapshotCount），以及日志输出的方式。**一般而言，将日志输出到标准错误 IO 就可以了。**

最后一个 Transport 指的是 Raft 集群内部节点之间的通信机制，节点之间需要通过这个通道来进行日志同步、领导者选举等。Hashicorp Raft 支持两种方式：

❏ 一种是基于 TCP 协议的 TCPTransport，可以跨机器跨网络通信；

❏ 另一种是基于内存的 InmemTransport，不走网络，可以在内存里面通过
  Channel 通信。

在生产环境中，我建议你使用 TCPTransport 方式，因为这种方式可以突破单机
限制，提升集群的健壮性和容灾能力。具体代码实现如代码清单 14-10 所示：

代码清单 14-10　采用 TCPTransport 方式实现节点间通信

```
addr,err := net.ResolveTCPAddr("tcp",raftBind)
transport,err := raft.NewTCPTransport(raftBind,addr,maxPool,timeout,
os.Stderr)
```

NewTCPTransport() 函数支持 5 个参数来指定创建连接需要的信息。比如，要绑
定的地址信息（raftBind、addr）、连接池的大小（maxPool）、超时时间（timeout），以
及日志输出的方式。一般而言，将日志输出到标准错误 IO 就可以了。

以上就是这 6 个参数的详细内容。既然我们已经了解了这些基础信息，那么如
何使用 NewRaft() 函数呢？其实，你可以在代码中直接调用 NewRaft() 函数来创建
Raft 节点对象，如代码清单 14-11 所示：

代码清单 14-11　创建 Raft 节点对象

```
raft,err := raft.NewRaft(config,(*storeFSM)(s),logStore,stableStore,
snapshots,transport)
```

现在，我们已经创建了 Raft 节点，打好了基础，但是我们要实现的是一个多节
点的集群，所以创建一个节点是不够的。另外，创建了节点后，你还需要让节点启
动，而且当一个节点启动后，你还需要创建新的节点，并将它加入集群中，那么具
体怎么操作呢？

14.2.2　如何增加集群节点

集群最开始只有一个节点，我们让第一个节点通过 bootstrap 的方式启动并成为
领导者，如代码清单 14-12 所示：

代码清单 14-12　通过 bootstrap 的方式启动第一个节点

```
raftNode.BootstrapCluster(configuration)
```

BootstrapCluster() 函数只支持一个参数，即 Raft 集群的配置信息，因为此时只有一个节点，所以配置信息为这个节点的地址信息。

后续的节点在启动的时候，可以通过向第一个节点发送加入集群的请求，加入集群中。具体来说，先启动的节点（也就是第一个节点）在收到请求后，获取对方的地址（指 Raft 集群内部通信的 TCP 地址），然后调用 AddVoter() 把新节点加入集群就可以了。具体代码如代码清单 14-13 所示：

代码清单 14-13　将新节点加入集群中

```
raftNode.AddVoter(id,addr,prevIndex,timeout)
```

AddVoter() 函数支持 4 个参数，使用时，一般只需要设置服务器 ID 信息和地址信息，其他参数使用默认值 0 即可。

- ❏ id：服务器 ID 信息。
- ❏ addr：地址信息。
- ❏ prevIndex：前一个集群配置的索引值，一般设置为 0。
- ❏ timeout：等待集群配置的日志项的新增操作的最长执行时间，一般设置为 0。

当然，也可以通过 AddNonvoter() 将一个节点加入集群中，但不赋予它投票权，只接收日志记录。这个函数平时用不到，你只需知道有这个函数即可。

这里我想补充下，早期版本中用于增加集群节点的 AddPeer() 函数已废弃，不再推荐使用。

在创建集群或者扩容时，我们尝试着增加集群节点，但一旦出现不可恢复性的机器故障或机器裁撤，我们就需要移除节点，进行节点替换，那么具体怎么做呢？

14.2.3　如何移除集群节点

我们可以通过 RemoveServer() 函数来移除节点，如代码清单 14-14 所示：

代码清单 14-14　移除节点

```
raftNode.RemoveServer(id,prevIndex,timeout)
```

RemoveServer() 函数支持 3 个参数，使用时，一般只需要设置服务器 ID 信息，其他参数使用默认值 0 即可。

❑ id：服务器 ID 信息。

❑ prevIndex：前一个集群配置的索引值，一般设置为 0。

❑ timeout：在完成集群配置的日志项添加前，最长等待多久，一般设置为 0。

我要强调一下，RemoveServer() 函数必须在领导者节点上运行，否则会报错。这个问题是很多读者在实现移除节点功能时会遇到的问题，所以需要注意一下。

最后我还想补充一下，早期版本中用于移除集群节点的 RemovePeer() 函数已废弃，不再推荐使用。

关于如何移除集群节点的代码实现也比较简单，通过服务器 ID 信息移除对应的节点即可。除了增加和移除集群节点之外，在实际场景中，我们在运营分布式系统时还会需要查看节点的状态。那么，如何查看节点状态呢？

14.2.4 如何查看集群节点状态

在分布式系统中进行日常调试时，节点的状态信息是很重要的，比如在 Raft 分布式系统中，如果我们想抓包分析写请求，那么必须知道哪个节点是领导者节点，以及它的地址信息是什么。因为在 Raft 集群中，只有领导者能处理写请求。

那么在 Hashicorp Raft 中，如何查看节点状态信息呢？

我们可以通过 Raft.Leader() 函数查看当前领导者的地址信息，也可以通过 Raft.State() 函数查看当前节点的状态是跟随者、候选人，还是领导者。不过你要注意，Raft.State() 函数返回的是 RaftState 格式的信息，也就是 32 位无符号整数，适合在代码中使用。如果想在日志或命令行接口中查看节点状态信息，建议你使用 RaftState.String() 函数。通过它，你可以查看字符串格式的当前节点状态。

为了便于理解，我举个例子。比如，你可以通过下面的代码判断当前节点是否领导者节点，如代码清单 14-15 所示：

代码清单 14-15　判断当前节点是否领导者节点

```
func isLeader() bool {
    return raft.State() == raft.Leader
}
```

了解了节点状态，你就知道了当前集群节点之间的关系，以及功能与节点的对应关系，这样你在遇到问题需要调试跟踪时，就知道登录到哪台机器去调试分析了。

思维拓展

　　本章介绍了如何在 Hashicorp Raft 中实现领导者选举以及如何复制日志。这里给你留下一道思考题，在 Hashicorp Raft 中，网络通信是如何实现的呢？

　　本章也提到了一些常用的 API 接口，比如创建 Raft 节点、增加集群节点、移除集群节点、查看集群节点状态等，你不妨思考一下，如何创建一个支持 InmemTransport 的 Raft 节点呢？

14.3　本章小结

　　本章主要讲解了如何从算法原理的角度理解 Hashicorp Raft 实现，以及 Hashicorp Raft 的常用 API 接口。学习完本章，希望大家能明确这样几个重点。

　　1）跟随者、候选人、领导者 3 种节点状态都有对应的功能函数，当需要查看各节点状态相关的功能实现时（比如，跟随者如何接收和处理日志），我们可以将对应的函数作为入口函数来阅读代码和研究功能实现。

　　2）Hashicorp Raft 支持两种节点间通信机制，即内存型和 TCP 协议型。其中，内存型通信机制主要用于测试。两种通信机制的代码实现，分别在文件 inmem_transport.go 和 tcp_transport.go 中。

　　3）你可以通过 Raft.Stats() 函数查看集群的内部统计信息，比如节点状态、任期编号、节点数等，这在调试或确认节点运行状况的时候很有用。

　　4）Hashicorp Raft 实现是常用的 Go 语言版 Raft 算法的实现，被众多流行软件使用，如 Consul、InfluxDB、IPFS 等，相信你对它并不陌生。其他的实现还有 Go-Raft、LogCabin、Willemt-Raft 等，不过我建议你在后续开发分布式系统时优先考虑 Hashicorp Raft，因为 Hashicorp Raft 功能完善、代码简洁高效、流行度高，且可用性和稳定性已被充分打磨。

　　本章以集群节点为核心讲解了 Hashicorp Raft 常用的 API 接口，相信现在你已经掌握了这些接口的用法，对如何开发分布式系统也有了一定的感觉。既然学习是为了使用，那么我们学完这些内容也应该用起来才是，所以，为了帮你更好地掌握 Raft 分布式系统的开发实战技巧，接下来我会以基于 Raft 的分布式 KV 系统开发实战为例，带你了解 Raft 的开发实战技巧。

基于 Raft 的分布式 KV 系统开发实战

学完第 14 章之后，相信你已经大致了解了 Raft 算法的代码实现（Hashicorp Raft），掌握了常用 API 接口的用法，也更加深刻地理解了 Raft 算法。那么，是不是掌握了这些就能得心应手地处理实际场景的问题了呢？

在我看来，这些还不够，因为掌握了 Hashicorp Raft 只是掌握了一种"工具"的用法，而掌握了工具的用法与能使用工具得心应手地处理实际场景的问题是两回事。也就是说，我们还需要掌握使用 Raft 算法开发分布式系统的实战能力，才能游刃有余地处理实际场景的问题。

为了更好地掌握分布式系统的实战能力，接下来，我会分别从架构和代码实现的角度详细讲解如何基于 Raft 算法构建一个分布式 KV 系统。我希望你能课下多动手，自己写一遍，不给自己留下盲区。如果条件允许的话，你还可以按需开发需要的功能，并将这套系统作为自己的"配置中心""名字路由"维护下去，不断在实战中加深自己对技术的理解。

可能有读者会问："老韩，为什么不以 Etcd 为例呢？它不是已经在生产环境中落地了吗？"

我是这么考虑的，这个基本的分布式 KV 系统的代码比较少，相对纯粹聚焦在技术本身，涉及的 KV 业务层面的逻辑少，适合入门学习（比如你可以从零开始，动手编程实现），是一个很好的学习案例。

另外，对一些有经验的开发者来说，这部分知识能够帮助你掌握 Raft 算法中一些深层次的技术实现，比如如何实现多种读一致性模型以更加深刻地理解 Raft 算法。

15.1　如何设计架构

接下来我会具体说一说设计一个基本的分布式 KV 系统需要实现哪些功能，以及在架构设计时需要考虑哪些点（比如跟随者是否要转发写请求给领导者？或者如何设计接入访问的 API ？）。

在我看来，基于技术深度、开发工作量、学习复杂度等维度综合考虑，一个基本的分布式 KV 系统至少需要具备以下几个功能，如图 15-1 所示。

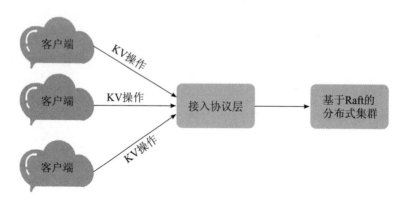

图 15-1　分布式 KV 系统架构

❑ **接入协议**：供客户端访问系统的接入层 API 以及与客户端交互的通信协议。
❑ **KV 操作**：我们需要支持的 KV 操作（比如赋值操作）。
❑ **分布式集群**：也就是说，我们要基于 Raft 算法实现一个分布式存储集群，用于存放 KV 数据。

需要注意的是，这 3 点就是分布式 KV 系统的核心功能，也就是我们需要编程实现的需求。

我们首先要做的第一件事就是实现访问接入的通信协议。因为如果用户想使用这套系统，做的第一件事就是确定如何访问这套系统。那么，如何实现访问接入的通信协议呢？

15.1.1　如何设计接入协议

要想实现访问接入协议层，我们得先看看到底采用什么协议。

在早些时候，由于硬件性能低，服务也不是很多，在开发系统时面临的主要问题是性能瓶颈，所以，我们更多是基于性能的考虑采用 UDP 协议和实现私有的二进制协议，比如，早期的 QQ 后台组件就是这么做的。

现在，由于硬件性能有了很大幅度的提升，后台服务器的 CPU 核数都近百了，在开发系统时面临的主要问题变为如何协调快速增长的海量服务和开发效率的需求，所以基于开发效率和可维护性的考虑，我们就需要优先考虑标准的协议了（比如 HTTP）。

如果使用 HTTP 协议，我们就需要设计 HTTP RESTful API 作为访问接口。那么，如何设计分布式 KV 系统的 HTTP RESTful API 呢？

因为我们设计实现的是 KV 系统，肯定要涉及 KV 操作，所以我们一定需要设计一个 API（比如 /key）来支持 KV 操作。

也就是说，通过访问这个 API，我们能执行相关的 KV 操作，如代码清单 15-1 所示（查询指定 key（就是 foo）对应的值）。

代码清单 15-1　查询指定 key 对应的值

```
curl -XGET http://raft-cluster-host01:8091/key/foo
```

需要注意的是，因为这是一个 Raft 集群系统，除了业务层面（KV 操作），我们还需要实现平台本身的一些操作的 API 接口，比如增加、移除集群节点等。我们现在只需要考虑增加节点操作的 API（比如 "/join"），如代码清单 15-2 所示。

代码清单 15-2　增加节点操作的 API

```
http://raft-cluster-host01:8091/join
```

如果出现故障或缩容等情况，我们应该如何替换节点、移除节点呢？建议你在线下对比着增加节点的操作，自己实现一下。

除此之外，我们在实现 HTTP RESTful API 时，还需要考虑如何实现路由。为什么这么说呢？你可以想象一下，如果我们实现了多个 API，比如 /key 和 /join，那么就需要将 API 对应的请求和它对应的处理函数一一映射起来。

也就是说，我们可以在 serveHTTP() 函数中通过检测 URL 路径来设置请求对应处理函数，实现路由。其原理如代码清单 15-3 所示。

代码清单 15-3　serveHTTP() 函数

```
func (s *Service) ServeHTTP(w http.ResponseWriter,r *http.Request) {
    // 设置 HTTP 请求对应的路由信息
    if strings.HasPrefix(r.URL.Path,"/key") {
        s.handleKeyRequest(w,r)
    } else if r.URL.Path == "/join" {
        s.handleJoin(w,r)
    } else {
        w.WriteHeader(http.StatusNotFound)
    }
}
```

从代码清单 15-3 中可以看到，当检测到 URL 路径为 /key 时，系统会调用 handleKeyRequest() 函数来处理 KV 操作请求；当检测到 URL 路径为 /join 时，系统会调用 handleJoin() 函数将指定节点加入集群中。

至此，通过 /key 和 /join 两个 API，我们就能满足这个基本的分布式 KV 系统的运行要求了，既能支持来自客户端的 KV 操作，也能新增节点并将集群运行起来。

当客户端通过通信协议访问到系统后，它最终的目标还是执行 KV 操作。那么，我们该如何设计 KV 操作呢？

15.1.2　如何设计 KV 操作

常见的 KV 操作包括赋值、查询、删除，也就是说，我们实现这 3 个操作即可，而无须其他操作。具体可以这么实现。

1）赋值操作：我们可以通过 HTTP POST 请求来为指定 key 赋值，如代码清单 15-4 所示。

代码清单 15-4　执行赋值操作

```
curl -XPOST http://raft-cluster-host01:8091/key -d '{"foo": "bar"}'
```

2）**查询操作**：我们可以通过 HTTP GET 请求来查询指定 key 的值，如代码清单 15-5 所示。

代码清单 15-5　执行查询操作

```
curl -XGET http://raft-cluster-host01:8091/key/foo
```

3）**删除操作**：我们可以通过 HTTP DELETE 请求来删除指定 key 和 key 对应的值，如代码清单 15-6 所示。

代码清单 15-6　执行删除操作

```
curl -XDELETE http://raft-cluster-host01:8091/key/foo
```

在这里，尤其需要注意的是，这些 **KV 操作要具有幂等性**。换句话说，幂等性是指同一个操作不管执行多少次，最终的结果都是一样的，也就是说，这个操作是可以重复执行的，而且重复执行不会对系统产生预期外的影响。

为什么操作要具有幂等性呢？

因为共识算法能保证达成共识后的值（也就是指令）不再改变，但不能保证值只被提交一次，也就是说，共识算法是一个 at least once（至少执行一次）的指令执行模型，是可能会出现同一个指令被重复提交的情况，为什么呢？我以 Raft 算法为例来详细说明如下。

如果客户端接收到 Raft 的超时响应，即这时日志项还没有提交成功，如果此时它重新发送一个新的请求，那么它就会创建一个新的日志项，并最终提交新旧两个日志项，出现指令重复执行的情况。

需要注意的是，在使用 Raft 等共识算法时，我们要充分评估操作是否具有幂等性，以避免对系统造成预期外的影响。如果直接使用 Add 操作，则会因重复提交导致最终的执行结果不准确而影响业务。例如，用户购买了 100Q 币，系统却给他充值了 500Q 币，这样肯定是不行的。

因为我们的最终目标是实现分布式 KV 系统，所以在了解了如何设计 KV 操作后，我们还要了解分布式系统最本源的一个问题，即如何实现分布式集群。

15.1.3 如何实现分布式集群

正如 4.4 节提到的，我推荐使用 Raft 算法实现分布式集群。而实现一个 Raft 集群，我们首先要考虑的是如何启动集群。为了简单起见，我们暂时不考虑节点的移除和替换等。

1. 创建集群

在 Raft 算法中，我们可以这样创建集群。

先将第一个节点通过 Bootstrap 的方式启动，并作为领导者节点。其他节点与领导者节点通信，将自己的配置信息发送给领导者节点，然后由领导者节点调用 AddVoter() 函数，将新节点加入集群中。

创建了集群后，在集群运行中，因为 Raft 集群的领导者不是固定不变的，而写请求必须要在领导者节点上处理，所以如何实现写操作来保证写请求都会发给领导者呢？

2. 写操作

一般而言，有两种方法来实现写操作，具体分析如下。

方法 1：跟随者接收到客户端的写请求后，拒绝处理这个请求，并将领导者的地址信息返回给客户端，然后由客户端直接访问领导者节点，直到该领导者退位，如图 15-2 所示。

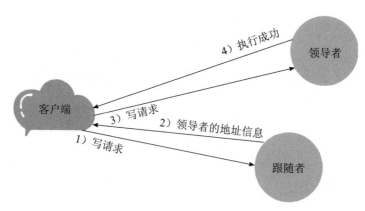

图 15-2　跟随者拒绝处理写请求并返回领导者地址信息给客户端

方法 2：跟随者接收到客户端的写请求后，将写请求转发给领导者，并将领导者处理后的结果返回给客户端，也就是说，这时跟随者在扮演"代理"的角色，如图 15-3 所示。

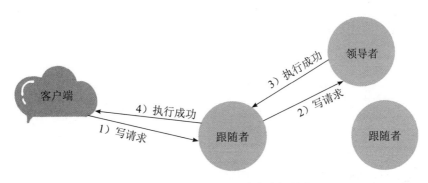

图 15-3　跟随者转发写请求给领导者

在我看来，虽然第一种方法需要客户端的配合，但实现起来复杂度不高；第二种方法虽然能降低客户端的复杂度，使得客户端像访问黑盒一样访问系统，对领导者变更完全无感知。但是这个方法会引入一个中间节点（跟随者），增加了问题分析排查的复杂度。而且，一般情况下，在绝大部分的时间内（比如 Google Chubby 团队观察到的值是数天），领导者是处于稳定状态的，即某个节点一直是领导者，那么此时引入中间节点，就会增加大量不必要的消息和性能消耗。所以，综合考虑，我推荐方法 1。

学习了 Raft 算法后我们知道，相比写操作（只要在领导者节点执行就可以了），读操作更加复杂，因为读操作的实现关乎着一致性的实现，也就是说，如何实现读操作决定了客户端是否会读取到旧数据。那么如何实现读操作呢？

3. 读操作

在实际系统中，并不是实现了强一致性就是最好的，因为实现了强一致性，必然会限制集群的整体性能。也就是说，我们需要根据实际场景特点进行权衡折中，这样才能设计出最适合该场景特点的读操作。比如，我们可以实现类似 Consul 的 3 种读一致性模型。

❑ default：偶尔读到旧数据。

❑ consistent：一定不会读到旧数据。

❑ stale：会读到旧数据。

如果你不记得这 3 种模型的含义，可以回顾下 4.4 节，这里不再赘述。

也就是说，我们可以实现多种读一致性模型，将最终的一致性选择权交给用户，如代码清单 15-7 所示。

代码清单 15-7　通过 level 参数指定一致性级别

```
curl -XGET http://raft-cluster-host02:8091/key/foo?level=consistent
-L
```

15.2　如何实现代码

学习完前面的内容，相信你已经了解了分布式 KV 系统的架构设计，同时应该也很好奇架构背后的细节代码是怎么实现的。

别着急，接下来我会具体讲解分布式 KV 系统⊖核心功能点的实现细节。比如，如何实现读操作对应的 3 种一致性模型。希望你能在课下反复运行程序，多阅读源码，以掌握所有的细节实现。

在 15.1 节中，我们将系统划分为三大功能块（接入协议、KV 操作、分布式集群），那么接下来，我会按顺序具体说一说每块功能的实现，帮助你掌握架构背后的细节代码。我们先来了解一下如何实现接入协议。

15.2.1　如何实现接入协议

在 15.1.1 节提到，我们选择了 HTTP 协议作为通信协议，并设计了 /key 和 /join 两个 HTTP RESTful API，分别用于支持 KV 操作和增加节点的操作，那么，它们是如何实现的呢？

接入协议的核心实现如图 15-4 所示。

⊖ https://github.com/hanj4096/raftdb。

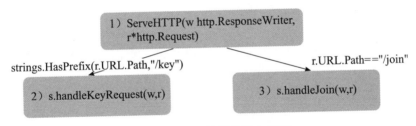

图 15-4　接入协议的核心实现

1）ServeHTTP() 会根据 URL 路径设置相关的路由信息。比如，它会在 handlerKeyRequest() 中处理 URL 路径前缀为 /key 的请求，会在 handleJoin() 中处理 URL 路径为 /join 的请求。

2）handleKeyRequest() 会处理来自客户端的 KV 操作请求，例如基于 HTTP POST 请求的赋值操作、基于 HTTP GET 请求的查询操作、基于 HTTP DELETE 请求的删除操作。

3）handleJoin() 会处理增加节点的请求，最终调用 raft.AddVoter() 函数，将新节点加入集群中。

需要注意的是，在根据 URL 设置相关路由信息时，你需要考虑是选择路径前缀匹配（比如 strings.HasPrefix(r.URL.Path, "/key")），还是选择完整匹配（比如 r.URL.Path=="/join"），以避免在实际运行时路径匹配出错。比如，如果对 /key 做完整匹配（比如 r.URL.Path=="/key"），那么代码清单 15-8 中的查询操作会因为路径匹配出错，无法找到路由信息，而执行失败。

代码清单 15-8　查询 key/foo 值的操作

```
curl -XGET raft-cluster-host01:8091/key/foo
```

另外，还需要注意的是，只有领导者节点才能执行 raft.AddVoter() 函数，也就是说，handleJoin() 函数只能在领导者节点上执行。

说完接入协议后，接下来我们来分析一下第二块功能的实现，也就是，如何实现 KV 操作。

15.2.2 如何实现 KV 操作

15.1.2 节提到这个分布式 KV 系统会实现赋值、查询、删除 3 类操作，那具体怎么实现呢？你应该知道，赋值操作是基于 HTTP POST 请求来实现的，代码如下所示。

```
curl -XPOST http://raft-cluster-host01:8091/key -d '{"foo": "bar"}'
```

也就是说，我们是通过 HTTP POST 请求实现了赋值操作，如图 15-5 所示。

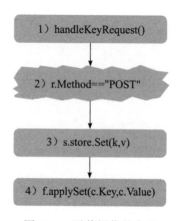

图 15-5　赋值操作的实现

1）当接收到 KV 操作的请求时，系统将调用 handleKeyRequest() 进行处理。

2）在 handleKeyRequest() 函数中，在检测到 HTTP 请求类型为 POST 请求并确认这是一个赋值操作时，系统将执行 store.Set() 函数。

3）在 Set() 函数中，系统将创建指令，并通过 raft.Apply() 函数将指令提交给 Raft。最终指令将被应用到状态机。

4）当 Raft 将指令应用到状态机后，系统最终将执行 applySet() 函数，创建相应的 key 和值并保存在内存中。

在这里我想补充一下，FSM 结构复用了 Store 结构体，并实现了 fsm.Apply()、fsm.Snapshot()、fsm.Restore()3 个函数。最终应用到状态机的数据以 map[string] string 的形式存放在 Store.m 中。

那查询操作是如何实现的呢？它是基于 HTTP GET 请求来实现的，如代码清单 15-9 所示。

代码清单 15-9　基于 HTTP GET 请求实现查询操作

```
curl -XGET http://raft-cluster-host01:8091/key/foo
```

也就是说，我们是通过 HTTP GET 请求实现了查询操作。在这里我想强调一下，相比需要将指令应用到状态机的赋值操作，查询操作要简单得多，因为系统只需要查询内存中的数据就可以了，不涉及状态机。具体的代码流程如图 15-6 所示。

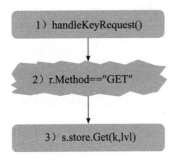

图 15-6　查询操作的实现

1）当接收到 KV 操作的请求时，系统将调用 handleKeyRequest() 进行处理。

2）在 handleKeyRequest() 函数中，当检测到 HTTP 请求类型为 GET 请求并确认这是一个赋值操作时，系统将执行 store.Get() 函数。

3）系统调用 Get() 函数在内存中查询指定 key 对应的值。

最后一个删除操作是基于 HTTP DELETE 请求来实现的，如代码清单 15-10 所示。

代码清单 15-10　基于 HTTP DELETE 请求实现删除操作

```
curl -XDELETE http://raft-cluster-host01:8091/key/foo
```

也就是说，我们是通过 HTTP DELETE 请求实现了删除操作。具体的代码流程如图 15-7 所示。

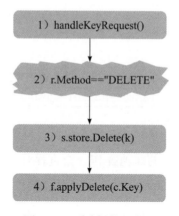

图 15-7　删除操作的实现

1）当接收到 KV 操作的请求时，系统将调用 handleKeyRequest() 进行处理。

2）在 handleKeyRequest() 函数中，当检测到 HTTP 请求类型为 DELETE 请求，并确认这是一个删除操作时，系统将执行 store.Delete() 函数。

3）在 Delete() 函数中，系统将创建指令，并通过 raft.Apply() 函数将指令提交给 Raft。最终指令将被应用到状态机。

4）当 Raft 将指令应用到状态机后，系统最终将执行 applyDelete() 函数删除 key 和值。

学习这部分内容的时候，有一些读者可能会不知道如何判断指定的操作是否需要在领导者节点上执行，我的建议是这样的。

❑ 需要向 Raft 状态机中提交指令的操作是必须要在领导者节点上执行的，也就是所谓的写请求，比如赋值操作和删除操作。

❑ 需要读取最新数据的查询操作（比如客户端设置查询操作的读一致性级别为 consistent）是必须在领导者节点上执行的。

了解了如何实现 KV 操作后，下面我们来看最后一块功能，如何实现分布式集群。

15.2.3　如何实现分布式集群

实现分布式集群主要涉及创建集群、实现写操作、实现读操作，其中，读写操作的实现关乎一致性的实现，而实现一个 Raft 集群首先要做的就是创建集群。那么，如何创建一个 Raft 集群呢？

1. 创建集群

创建 Raft 集群主要分为两步。首先，第一个节点通过 Bootstrap 的方式启动，并作为领导者节点。启动命令，如代码清单 15-11 所示。

代码清单 15-11　通过 Bootstrap 方式启动第一个节点

```
$GOPATH/bin/raftdb -id node01  -haddr raft-cluster-host01:8091 -raddr
raft-cluster-host01:8089 ~ /.raftdb
```

如代码所示，在 Store.Open() 函数中，调用 BootstrapCluster() 函数启动节点。

接着，其他节点会通过 -join 参数指定领导者节点的地址信息，并向领导者节点发送包含当前节点配置信息的增加节点请求。启动命令，如代码清单 15-12 所示。

代码清单 15-12　通过 -join 参数增加新节点

```
$GOPATH/bin/raftdb -id node02 -haddr raft-cluster-host02:8091 -raddr
raft-cluster-host02:8089 -join raft-cluster-host01:8091 ~ /.raftdb
```

领导者节点在接收到来自其他节点的增加节点请求后，将调用 handleJoin() 函数进行处理，并最终调用 raft.AddVoter() 函数将新节点加入集群中。

这里需要注意的是，只有在向集群中添加新节点时才需要使用 -join 参数。当节点加入集群后，正常启动进程就可以了，如代码清单 15-13 所示。

代码清单 15-13　启动节点

```
$GOPATH/bin/raftdb -id node02 -haddr raft-cluster-host02:8091 -raddr
raft-cluster-host02:8089  ~ /.raftdb
```

集群运行起来后，因为领导者是会变的，那么如何实现写操作来保证写请求都在领导者节点上执行呢？

2. 写操作

在 15.1.3 节中，我们选择了方法 2 来实现写操作。也就是说，跟随者在接收到写请求后，将拒绝处理该请求并将领导者的地址信息转发给客户端。这样后续客户端就可以直接访问领导者了（为了演示方便，我们以赋值操作为例），如图 15-8 所示。

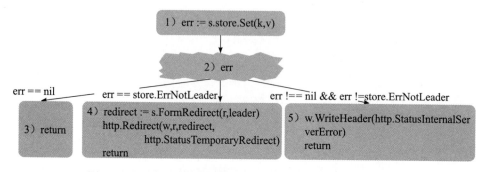

图 15-8　跟随者拒绝写请求并返回领导者地址信息给客户端

1）调用 Set() 函数执行赋值操作。

2）如果调用 Set() 函数成功，则执行步骤 3；如果执行 Set() 函数出错且提示出错的原因是当前节点不是领导者，那这就说明当前节点不是领导者，不能执行写操作，则执行步骤 4；如果调用 Set() 函数出错且提示出错的原因不是因为当前节点不是领导者，则执行步骤 5。

3）赋值操作执行成功，正常返回。

4）节点将构造包含领导者地址信息的重定向响应并返回客户端。然后客户端直接访问领导者节点执行赋值操作。

5）系统运行出错，返回错误信息给客户端。

需要注意的是，赋值操作和删除操作属于写操作，必须在领导者节点上执行。而查询操作只是查询内存中的数据，不涉及指令提交，可以在任何节点上执行。

为了更好地利用 curl 客户端的 HTTP 重定向功能，我实现了 HTTP 307 重定向，这样在执行赋值操作时，我们就不需要关心访问节点是否是领导者节点了。比如，你可以使用代码清单 15-14 中的命令访问节点 2（也就是 raft-cluster-host02，192.168.0.20）执行赋值操作。

代码清单 15-14　访问节点 2 执行赋值操作

```
curl -XPOST raft-cluster-host02:8091/key -d '{"foo": "bar"}' -L
```

如果当前节点（也就是节点 2）不是领导者，它将返回包含领导者地址信息的 HTTP 307 重定向响应给 curl。这时，curl 会根据响应信息重新发起赋值操作请求，并直接访问领导者节点（也就是节点 1，地址为 192.168.0.10）。具体过程如图 15-9 所示。

	Time	Source	Destination	Protocol	Length	Info
1466	12.506462	192.168.0.30	192.168.0.20	HTTP	241	POST /key HTTP/1.1 (application/x-www-form-urlencoded)
1468	12.507209	192.168.0.20	192.168.0.30	HTTP	204	HTTP/1.1 307 Temporary Redirect
1476	12.512549	192.168.0.30	192.168.0.10	HTTP	241	POST /key HTTP/1.1 (application/x-www-form-urlencoded)
1483	12.516255	192.168.0.10	192.168.0.30	HTTP	141	HTTP/1.1 200 OK

图 15-9　HTTP 307 重定向的过程

相比写请求必须在领导者节点上执行，虽然查询操作属于读操作，可以在任何节点上执行，但是其实现更加复杂，因为读操作的实现关乎着一致性的实现。那么，具体如何实现呢？

3. 读操作

我们可以实现 3 种一致性模型（也就是 stale、default、consistent），这样，用户就可以根据场景特点按需选择相应的一致性级别，是不是很灵活呢？

具体的读操作的代码实现如图 15-10 所示。

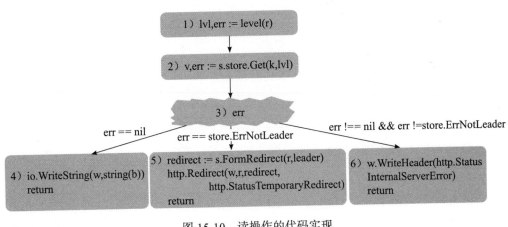

图 15-10　读操作的代码实现

1）当接收到 HTTP GET 的查询请求时，系统会先调用 level() 函数来获取当前请求的读一致性级别。

2）调用 Get() 函数，查询指定 key 和读一致性级别对应的数据。

3）如果调用 Get() 函数成功，则执行步骤 4；如果调用 Get() 函数出错且提示出错的原因是当前节点不是领导者节点，那么这就说明在当前节点上执行查询操作不满足读一致性级别，必须要到领导者节点上执行查询操作，即需要执行步骤 5；如果调用 Get() 函数出错且提示出错的原因不是因为当前节点不是领导者，则执行步骤 6。

4）查询操作执行成功，返回查询到的值给客户端。

5）节点将构造包含领导者地址信息的重定向响应并返回给客户端。然后客户端直接访问领导者节点查询数据。

6）系统运行出错，返回错误信息给客户端。

在这里，为了更好地利用 curl 客户端的 HTTP 重定向功能，我同样实现了 HTTP 307 重定向（具体原理前面已经介绍了，这里不再赘述）。比如，你可以使用代码清单 15-15 中的命令来实现一致性级别为 consistent 的查询操作，而不需要关心访问节点（raft-cluster-host02）是否是领导者节点。

代码清单 15-15　访问任意节点执行一致性级别为 consistent 的查询操作

```
curl -XGET raft-cluster-host02:8091/key/foo?level=consistent  -L
```

📶 注意

　　任何大系统都是由小系统和具体的技术组成的，比如能无限扩展和支撑海量服务的 QQ 后台是由多个组件（协议接入组件、名字服务、存储组件等）组成的。而做技术最为重要的就是脚踏实地彻底吃透和掌握技术本质，小系统的关键是细节技术，大系统的关键是架构。

　　虽然这个分布式 KV 系统比较简单，但它相对纯粹聚焦在技术方面，能帮助你很好地理解 Raft 算法、Hashicorp Raft 实现、分布式系统开发实战等。你可以采用自己熟悉的编程语言将这个系统重新实现一遍，以加深自己对技术的理解。如果条件允许，你也可以将自己的分布式 KV 系统以"配置中心""名字服务"等形式在实际场景中落地和维护起来，不断加深自己对技术的理解。

思维拓展

本章介绍了其他节点与领导者节点通信，将自己的配置信息发送给领导者节点，然后由领导者节点调用 addVoter() 函数，将新节点加入集群的过程，那么，你不妨思考一下，当节点故障时，如何替换一个节点呢？

本章也介绍了通过 -join 参数将新节点加入集群的过程，那么，你不妨思考一下，如何实现代码移除一个节点呢？

15.3　本章小结

本章主要讲解了一个基本的分布式 KV 系统的架构，需要权衡折中的技术细节，以及接入协议、KV 操作、分布式集群的实现。学习完本章，希望大家能明确这样几个重点。

1）在设计 KV 操作时，更确切地说，在实现 Raft 指令时，一定要考虑幂等性，因为 Raft 指令可能会被重复提交和执行。

2）推荐这样来实现写操作：跟随者接收到客户端的写请求时，拒绝该请求并返回领导者的地址信息给客户端，由客户端直接访问领导者。

3）在 Raft 集群中，如何实现读操作关乎一致性的实现，推荐实现 default、consistent、stale 3 种一致性模型，将一致性的选择权交给用户，让用户根据实际业务特点按需选择，灵活使用。

4）我们可以借助 HTTP 请求类型来实现相关的操作，比如，我们可以通过 HTTP GET 请求实现查询操作，通过 HTTP DELETE 请求实现删除操作。我们也可以通过 HTTP 307 重定向响应来返回领导者的地址信息给客户端，另外，curl 已支持 HTTP 307 重定向，使用起来很方便，所以推荐你优先考虑使用 curl 在日常工作中执行 KV 操作。

最后我再补充一点，这个基本的分布式 KV 系统，除了适合入门学习外，也比较适合配置中心、名字服务等小数据量的系统。另外，对于数据层组件而言，性能很重要，成本也很重要，而决定数据层组件成本的最关键的一个理念是冷热分离，一般而言，可以如下设计三级缓存。

❑ **热数据**：经常被访问到的数据，可以将它们放在内存中，以提升访问效率。

❑ **温数据**：有时会被访问到的数据，可以将它们放在 SSD 硬盘上，以提高访问速度。

❑ **冷数据**：偶尔会被访问到的数据，可以将它们放在普通磁盘上，以节省存储成本。

在实际系统中，大家可以统计热数据的命中率，并根据命中率来动态调整冷热模型。需要注意的是，冷热分离理念在设计海量数据存储系统时尤为重要，比如，腾讯自研 KV 存储的成本仅为 Redis 的数十分之一。希望大家能重视这个理念，在实际场景中活学活用。